动物探险家

快来！发现身边的神奇动物

〔荷〕希尔特·杨·罗伯斯 / 著

〔荷〕温迪·潘德斯 / 绘

姜云舒 / 译

海豚出版社
DOLPHIN BOOKS
CIPG 中国国际出版集团

图书在版编目（CIP）数据

快来！发现身边的神奇动物 /（荷）希尔特·杨·罗
伯斯著；（荷）温迪·潘德斯绘；姜云舒译 . — 北京：
海豚出版社，2019.8
（动物探险家）
ISBN 978-7-5110-4663-5

Ⅰ . ①快… Ⅱ . ①希… ②温… ③姜… Ⅲ . ①动物 –
少儿读物 Ⅳ . ① Q95-49

中国版本图书馆 CIP 数据核字（2019）第 110155 号

著作权合同登记号　图字：01-2019-1285 号

快来！发现身边的神奇动物

〔荷〕希尔特·杨·罗伯斯　著
〔荷〕温迪·潘德斯　绘
姜云舒　译

出 版 人：王　磊

选题策划：禹田文化
责任编辑：张　镛　李宏声
项目编辑：石翔宇
美术编辑：王彦洁
版权编辑：张静怡
项目统筹：韩青宁
责任印制：于浩杰　蔡　丽
法律顾问：中咨律师事务所　殷斌律师

出　　　版：海豚出版社
地　　　址：北京市西城区百万庄大街 24 号
邮　　　编：100037
电　　　话：010-88356859　010-88356858（发行部）
　　　　　　010-68996147（总编室）
印　　　刷：广州市番禺艺彩印刷联合有限公司
经　　　销：全国新华书店及各大网络书店
开　　　本：12 开（230mm×230mm）
印　　　张：12
字　　　数：172 千
印　　　数：1-8000
版　　　次：2019 年 8 月第 1 版　2019 年 8 月第 1 次印刷
标准书号：ISBN 978-7-5110-4663-5
定　　　价：.68.00 元

退换声明：若有印刷质量问题，请及时和销售部门（010-88356856）联系退换。

去野外观光探险吧！1

合上书，出发吧！131

索引 132

去野外观光探险吧！

你喜欢大自然和野生动物吗？如果你的答案是"喜欢"，那我建议你一定要去非洲野外观光。当然，你在电影或者动物园里也能经常看到斑马、狮子和大象，但在野外观察它们则是一种完全不同的体验。如果你曾亲眼见过猎豹捕食瞪羚，那情景会让你终身难忘。

划船和潜水

也许你更喜欢水，那你真得去一次南美洲。划着小船穿梭于凯门鳄之间，那将会是一次超棒的经历。但也许最美好的事情是在珊瑚礁附近潜水。五彩缤纷的鱼、海龟——不可思议的景象就像观看一部大自然主题的3D电影。

在大草原观光，在热带沼泽探险，在珊瑚礁潜水，这些经历想想都棒极了。但你可能从来没做过这些事。去这些地方不仅要花很多钱，而且相当麻烦。大多数成年人也从来没去过这些地方。如果想见识一下令人兴奋的大自然，他们也会选择看电视或者上网搜索。

圩田里的"企鹅"

其实在你生活的周围就可以乘划艇探险！你也可以在自己的国家戴着潜水镜欣赏各种各样的鱼。你可能还不知道，在荷兰也有类似眼镜蛇、企鹅和金梭鱼的动物。它们只是看起来不太一样。当然，它们的名字也不太一样，它们是极北蝰、凤头䴙䴘（pì tī）和白斑狗鱼。

好吧，极北蝰不是眼镜蛇，凤头䴙䴘不是企鹅，白斑狗鱼也不是金梭鱼。但这些动物之间在行为和外形上的相似之处比你想象的多更多。它们有的体形较小，有的颜色没那么鲜艳。但这并没什么大不了的。至少这些动物都有属于自己的有趣故事。

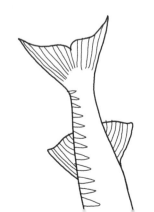

了解与探索

你探索得越多，大自然在你眼中就越有趣。首先你得记住动物的名字。在大街上遇见熟人是一件开心的事，在大自然里遇见认识的动物也会让你心生喜悦。而你认识的动物越多，知道越多关于它们的知识，你就会发现越多好玩的事。如果你了解某种动物在大自然中的行为，那么亲眼见识一次这些行为将会是一次特别有趣的经历。如果那种动物还做出了令你意想不到的举动，那就更有趣了。

相信这本书会在探索大自然的路上帮助你。它的内容包含了生活在远方的动物，更包含了生活在你附近的动物。你很快就会发现，它们之间的差异其实并不大。所以快来看看吧，见识一下这些动物。谁知道呢，也许你最近就会在现实中看到其中的一种。旅途愉快，好好享受吧！

远有眼镜蛇

毒蛇

舌头有分叉

胀开颈部以吓跑敌人。其实它更愿意把毒液省下来用于捕猎

主要以其他蛇类为食

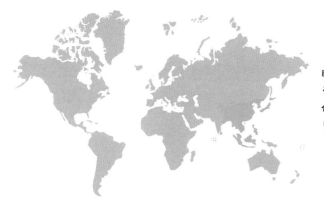

眼镜王蛇主要分布在南亚的印度，但在东南亚也可见到

毒蛇非常吓人。其中最吓人的就是眼镜王蛇：它足有 5 米长，是世界上最长的毒蛇。它的嘴里有一对长洞的牙齿。当它的牙齿咬到猎物时，毒液会自动射入猎物的伤口。眼镜王蛇的一口毒液就能够放倒一头大象，但它很少捕食大象，因为它没法把大象整只吞入喉中。它主要捕食……其他蛇！

所有毒蛇都无法把人类吞入喉中，但有时为了自卫它们确实会咬人

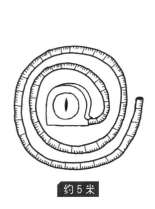

约 5 米

近有极北蝰

毒蛇

凸起的鳞片

两颊充满了毒液

荷兰有毒蛇吗？答案是有。是水游蛇吗？其实这种蛇的毒液并没有什么毒性。它的毒牙长在嘴后部，只有那些半个身子已经落入蛇喉中的小动物，比如青蛙，才会被这些毒牙咬到。有毒的是极北蝰，它的嘴前方有着真正的折叠的毒牙[1]。老鼠如果被它咬到必死无疑，而人类被极北蝰咬伤却很少会致命。确切地说是致命的可能性非常小，但也有例外情况。所以，你如果遇见了它，可以好好看看它那华丽的蛇纹，但一定要离远点！

可能长到 90 厘米[2]

嗷！

用舌头闻味

极北蝰总是把舌头反复伸进伸出。它的舌头能捕捉空气中的气味，并把这些气味带到口中的两个小洞里。这些"气味探测器"非常灵敏。通过对比舌头左右分叉上的气味浓度，极北蝰还能准确辨别出气味来自哪个方向。

蛇咬

被极北蝰咬伤可不是什么好玩的事情。被咬的地方会肿起来，并且非常疼。你会感到很难受，还可能会晕倒。幸运的是，人类很少会被极北蝰咬伤。有一部分原因是极北蝰并不常见且多生活在人迹罕至的地区。但主要还是因为怕生的极北蝰从不主动攻击人类。只有当你抓它或者踩到它的时候，它才会咬人。

发动攻击之前，毒牙会露出来。

[1] 极北蝰是蝰蛇的一种，蝰蛇的毒牙都较为巨大，而且能够倒放折叠收回到口中。
[2] 极北蝰的雌蛇通常比雄蛇长，90 厘米差不多是雌蛇的最长长度。

紧身西装

　　极北蝰作为蛇的一种，身上同样紧紧包裹着覆盖鳞片的蛇皮。与人类相似的是，不同地方的极北蝰的蛇皮颜色可能有差异。但有两点与人类不同：一是黑色极北蝰主要分布在北方的高地，这不难理解，因为黑色在太阳下更容易变暖，这点在寒冷的北方可谓意义重大。二是雄性极北蝰和雌性极北蝰的颜色不同。雄性的标准颜色是浅灰色，雌性则是浅棕色。它们的背面都有深色的"之"字形花纹图案，雌蛇身上的图案是深褐色，雄蛇的图案则是黑色。不过，如果是那种浑身一般黑的极北蝰，这种花纹也就不容易看到了。

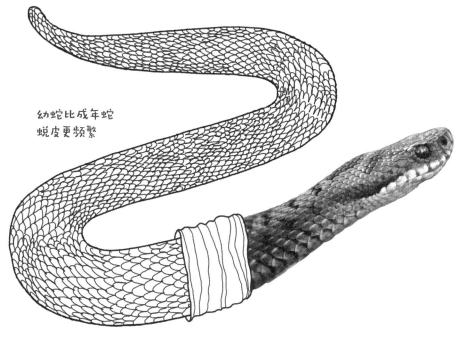

幼蛇比成年蛇
蜕皮更频繁

换"衣服"

　　极北蝰每年要蜕皮好几次。它会丢弃透明的外皮，换上一件闪亮的新装。"换装"可是一件大事——极北蝰会花上好几天来蜕皮。首先能从蛇的眼睛看出来它要蜕皮：那双眼睛变得雾蒙蒙的。随着眼部的蛇皮被撕裂开，眼睛很快又变清楚了。随后，吻端的蛇皮被撕开，极北蝰会沿着树枝或石堆不断摩擦身体，直到把皮全部蜕下来。整个蜕掉旧皮的过程，就好像脱下一条紧身袜。

晒太阳

　　蛇属于变温动物，没有自身调节体温的机制，需要从外界环境中吸收热量来提高自身的体温。它们尤其喜欢在白天享受日光浴。只有身体保持合适的温度，它们才能顺利捕食。雌蛇怀孕时会特别需要热量，晒太阳的次数会更频繁。

　　极北蝰的眼睛也会蜕皮，但跟其他蛇一样，不能闭眼，定期更换新的"隐形眼镜"对它来说意义重大。

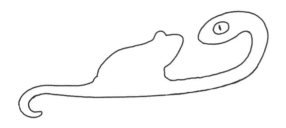

喉咙里的青蛙

蛇没有门齿和臼齿。它们必须将捕获的猎物整口吞下去。极北蝰体形不太大，所以它的猎物也不会很大。它主要吃老鼠，有时候吃青蛙或蜥蜴，偶尔还吃小鸟。再大的东西就很难咽下去了。

节约的猎人

有些蛇会追捕猎物，比如生活在非洲的黑曼巴蛇。极北蝰则更喜欢节省能量，静待猎物进入狩猎范围内，再以闪电般的速度扑咬过去。为了节约使用自己宝贵的毒液，它通常会很快放开猎物。毒液会自动发挥效力，极北蝰只需等待片刻，再循着气味前去，就可享受美食。

石楠荒原和酸沼

极北蝰特别喜欢石楠荒原——最好是有点儿潮湿的那种。它们也喜欢酸沼[1]，但是这种地方不太好找。极北蝰对旅行没什么兴趣。它们有各自的狩猎区，并且熟悉区域内的路线。

---

[1] 酸沼是一种湿地类型，常发生于地表水呈酸性的地点。这种湿地有酸性泥炭与死亡植物（通常为苔藓，在北极地区可能为地衣）的积累。

战斗之舞

在春天的交配季节，经常会发生两条雄蛇看中同一条雌蛇的情况，究竟谁会获得雌蛇的芳心呢？要一比高下才能见分晓。两条雄蛇会通过"决斗"的方式来定胜负。如何决斗？你可能以为它们会用毒牙相互撕咬，但对极北蝰来说，真实的情况是这样的：闭着嘴相互推动，谁能把对手的头按在地面，谁就是赢家。对于没有胳膊的蛇来说，想做到这点是相当困难的。但这样的交锋看上去并不笨拙，反而像优雅的舞蹈。

绝食

极北蝰可以长时间什么也不吃。这主要是因为它不用像哺乳动物或鸟类那样靠自己保持身体的温度。在夏天，极北蝰依靠太阳的能量保持温暖。在冬天，它会变冷，进入"待机模式"。如有必要，它能够在没有食物的情况下坚持存活一年以上。

寻找极北蝰

见到极北蝰并不容易，但如果你真的很想看它一眼，就算费点功夫也值得。在草丛中你很难发现极北蝰的踪影，它们通常生活在石楠荒原。冬天几乎不可能看到极北蝰，但在3月至10月之间都有机会看见它们。它们喜欢在美丽的早晨晒日光浴，有时就卧在一条小路的中间。

种类

全世界有 3500 多种蛇。荷兰只有 3 种：

1. 极北蝰
2. 滑蛇
3. 水游蛇

到底是哪种蛇

水游蛇有一条黑黄色的领带，很容易被识别出来。但是极北蝰和滑蛇就比较难分辨了。它们都生活在石楠荒原，从理论上讲你可以同时看到这两种蛇，但是在现实中，它们几乎从来不会同时出现。滑蛇比极北蝰还要罕见。下面为了方便读者阅读，我们把它们放在一起进行比较。

滑蛇

- 圆圆的瞳孔
- 每个鳞片都很平滑
- 背部有斑纹
- 有一条"穿过眼睛"的黑色条纹（从鼻子到颈部）

水游蛇

- 黑黄色领带

极北蝰

- 眼睛像猫眼
- 每个鳞片都有一点凸起
- 背部有之字形花纹
- 因为有"眉毛"，所以看起来很严厉
- 强壮的下颌

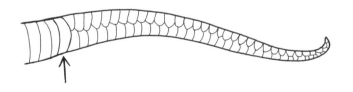

尾巴

蛇的尾巴在哪里？当然在蛇的后半截啦。但是它的尾巴是从哪里开始的呢？你可以仔细观察蛇的腹部。它的腹部有一排宽宽的鳞片，从一排鳞片变成两排鳞片的位置往后，都可以算作尾巴。这个位置正好位于蛇的肛门后面，但蛇的肛门很不明显。与其他蛇相比，极北蝰的尾巴更短。现在你知道怎么找蛇尾巴了吗？

卧室

冬天，极北蝰的体温会下降，为了抵御寒冷，极北蝰喜欢聚在一起过冬。它们会选择废弃的兔子洞或者其他动物的洞穴，彼此缠在一起抱团取暖。雄蛇和雌蛇也会相互缠绕，但它们不会交配，因为交配需要满足更多的条件，至少要有一个暖和的身体。

人们曾在芬兰的一个洞穴中发现了800条越冬的极北蝰

坏名声

几个世纪以来，蛇的名声都很糟糕，特别是极北蝰。在荷兰的俗语里，坏人被比喻为"极北蝰的卵"，专指那些因为嫉妒而诽谤破坏他人幸福的人。"佛口蛇心"也不是什么好的形容词。即便在《哈利·波特》系列里，蛇的坏名声也是人尽皆知。

蛇佬腔[1]

怀孕

关于蛇的繁殖，很多书上都这样写着：蛇是卵生动物。但极北蝰可不会完全按着书上来，因为极北蝰是卵胎生。交配后，极北蝰妈妈会把卵和孩子留在腹中。这样不但安全，而且还有一个好处：怀孕的妈妈可以爬到阳光明媚的地方，和自己正在成长的孩子们一起晒太阳。但是肚子装得满满的也会给它带来不便，这样一来极北蝰妈妈就无法再装下更多的食物了。因此，雌性极北蝰一旦怀孕，就不会再捕食了。

艰难的童年

新生的极北蝰大小和一支铅笔差不多。当然，它比铅笔更光滑。极北蝰一出生就会爬，此时它已不再需要母亲的照顾了。几天后，它会获得自己的第一层新皮，3~4年后就可以成年。一条极北蝰能活到20岁以上。但是大部分极北蝰在1岁前就被猛禽、乌鸦、欧洲鼬或其他动物吃掉了。

[1] 蛇佬腔是《哈利·波特》系列中提到的一种特异能力，顾名思义就是用蛇的腔调与蛇交流，只有在那些仅存的数量不多的蛇语者之间才能听懂。

远有老虎

有时能连续吃40千克的食物……有时可以一周不吃东西

圆圆的瞳孔

有触角的作用

爪子通常是收起来的（为了保持锋利）

凶猛的猎手

老虎分布在亚洲的
不同地区，大多数
老虎生活在印度

老虎是一种令人印象深刻的猛兽，好像一只超大版、长着条纹的猫，有着
锋利的爪子和匕首般的牙齿，这些武器可以轻易刺穿猎物的脖子。它通常会捕
食鹿和野猪，偶尔也会吃几只猴子。但它有时也会捕食一些非常大的动物，比
如水牛。水牛的重量可能达到 1000 千克，相当于老虎重量的 4~5 倍！

老虎不怕水。如果水里还
有一头肥肥嫩嫩的水牛，
它就更愿意下水了

近有伶鼬

嗯……

凶猛的猎手

白色的
胸腹部

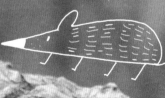

"胆小如伶鼬"是荷兰的一句谚语，但这句话根本就是无稽之谈，因为伶鼬是一种非常勇敢的动物。伶鼬的平均重量不超过 100 克，雌性伶鼬重量在 65 克左右。伶鼬通常捕食老鼠，但只要有机会，它就敢跳到一只穴兔的脖子上。如果一只苗条的雌伶鼬捕获了一只大兔子，意味着它抓住了相当于自己体重 40 倍的猎物！从这个角度讲，老虎也无法与伶鼬匹敌。

吃掉 20 千克猪排

伶鼬非常活跃，经常动来动去，像得了多动症一样。跑步和跳跃需要大量能量，所以伶鼬每天必需补充足够的食物，它摄入食物的重量约为自己体重的三分之一。哺乳期的雌性伶鼬甚至需要摄入双倍的食物。你也想这样吗？那意味着你需要每天吃掉 10~20 千克猪排、汉堡包和牛排。但是如果你既想保持这种饮食习惯，又想保持伶鼬那样苗条的身材，你必需每天完成大量的跑步和跳跃运动。

每日食量：自身重量的三分之一。

像铅笔一样长
（好吧，长……）

像扫帚柄一样粗
（好吧，粗……）

像 10 个一欧元硬币那么重
（好吧，重……）

坠亡的普通鵟(kuáng)

曾有护林员看见一只普通鵟飞过时，爪子里抓着一只小兽。但是过了一会儿，这只猛禽突然坠地而亡。它的猎物是一只伶鼬，这只伶鼬在坠地后幸存下来，并飞快地逃到了草地上。而这只普通鵟落地之前就已经死了，它的喉咙被伶鼬的獠牙咬穿了。现在你肯定和那位护林员一样，已经明白刚刚在空中发生了什么事情。

没有黑色的尾巴尖（白鼬则有）

极为锋利的犬齿

食肉目中最小的动物

相信每个人都知道"捕食者"这个词，然而，它的含义并非一成不变。任何捕食其他动物的动物都可以叫捕食者，猫头鹰、白斑狗鱼和鳄鱼都可以是捕食者，但它们并不是同一类动物。而生物学家口中的捕食者，通常说的是一群彼此相关的动物。在学术上，这个群体被称为食肉目。食肉目由大约230种动物组成，其中56种属于鼬家族。荷兰的鼬从大到小有：獾、水獭、松貂、石貂、欧洲鼬、白鼬以及我们的小英雄伶鼬。欧洲鼬是世界上最小的食肉目动物。1万只伶鼬的重量加起来才约等于1头灰熊的重量。

老鼠洞里

伶鼬看起来有点像加长版的老鼠。它们苗条的身材十分灵活，甚至可以钻进老鼠洞里。因此，伶鼬在捕食田鼠时可以一直追到它们的洞里。怀孕的雌伶鼬还会把洗劫后的老鼠洞当成育儿室。不仅如此，心灵手巧的伶鼬妈妈还会将鼠毛制作成简易实用的婴儿床！

方便的小尾巴

伶鼬的尾巴只有几厘米长。然而这短小的尾巴十分有用，当伶鼬直立的时候，尾巴可以作为支撑，就像狐獴一样。伶鼬经常会摆出这个姿势，这样它就可以方便地环顾四周，聆听和嗅探周围发生的情况了。

尾巴作为支撑，
就像狐獴一样

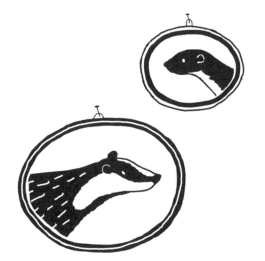

跑、跳、游泳

虽然伶鼬的腿很短，但这并不影响它的速度，它不但跑得很快，而且还很擅长跳跃。在紧急情况下，伶鼬可以跳过一米半高的围栏。不过在那之前，这个聪明的小家伙会先找找有没有可以爬过去的小洞。和大多数动物一样，伶鼬还是个游泳健将。如果遇到水沟，它一般不会选择跳过去，而是会游过去。

游泳
证书
B

短暂的一生

虽然我们现在已经知道伶鼬很凶猛，但它们的寿命其实并不长，狐狸、普通鵟或雕鸮（xiāo）都知道如何对付它。一只聪明、健康的伶鼬在运气极佳的情况下可以长到 7 岁，但大多数伶鼬甚至活不过 1 岁。对于小伶鼬们来说这很糟糕，但对于整个物种来说却并不是什么坏消息，因为伶鼬实在是太能生了！

新生的伶鼬又秃又盲。但当你还是个小婴儿的时候，也不像现在那么好看……

世界公民

我们一直在说"荷兰的"伶鼬，但这个说法并不完全符合事实。伶鼬也生活在许多除荷兰以外的欧洲国家、北美洲大部分地区和亚洲北部。甚至在新西兰野外也有伶鼬生活，但这些伶鼬是被人类引进到此生活的。引进伶鼬似乎是个不错的想法，因为它们是优秀的老鼠猎手。但它们也喜欢捕食鸟类。新西兰居住着各种不会飞的奇怪鸟类，如鹬（yù）鸵和现在非常罕见的鸮鹦鹉，捕食它们对伶鼬而言简直轻而易举。看来对鸟类来说，引进伶鼬可不是什么好主意。

年轻的母亲

伶鼬的成长速度很快。如果一只雌伶鼬在初春降生，夏天它就会怀孕成为一个母亲，但孩子的父亲很快就会抛弃它的爱人。5 个星期后，这位单身母亲通常会生下 6 个孩子。雌伶鼬虽然最多能同时哺乳 8 个孩子，但它有时甚至会生下十胞胎甚至更多的孩子。刚生下来的伶鼬宝宝光秃秃的，双眼紧闭，但是它们长得很快。2 个月后，它们就可以离开家独立生存了。同一个夏天，大多数雌伶鼬可能会不停地组建新家庭，它们甚至能在一年内生养 3 窝宝宝！

冬天的外套

冬天来临之前，伶鼬会换上一件新的毛皮大衣。每根毛发掉落后，就会有几根新的毛发从掉毛的地方长出来。就这样，这件"冬衣"变得更加厚实暖和。伶鼬非常需要这件厚外套，因为它那细长的身体可不如其他体形圆乎乎的动物那么抗冻。在荷兰，伶鼬冬天的外套通常是棕色的。但在那些冬季极为寒冷的地区，伶鼬的冬毛是白色的。这种颜色在雪地里隐藏自己很方便。此外，伶鼬的尾巴也会完全变白，这点和它的表亲白鼬有所不同：白鼬的尾巴在冬天是白色的，尾尖则是黑色的，就是你在国王斗篷上看到的那些黑点。

伶鼬还是白鼬

　　伶鼬和白鼬非常相似。总体而言，白鼬的体形更大。但这并不绝对，一只大个子雄性伶鼬可能比一只纤瘦的雌性白鼬体形更大。在现实中，你永远不会看到这两种鼬一起出现，但你可以在这里比较一下它们。

伶鼬
- 尾巴很短，毛色均匀，没有蓬松的尾毛
- 腹部和背部的颜色边界曲折
- 脸颊上有深色斑纹
- 身长（不包含尾巴）：13~24 厘米

白鼬
- 尾巴更长，有黑色尾尖，有蓬松的尾毛
- 腹部和背部的颜色边界较平滑
- 身长（不包含尾巴）：22~29 厘米

亲眼看看

　　从荷兰北部到比利时南部，到处都有伶鼬分布。但是如果你认为它们随处可见，那你就猜错了。首先，伶鼬主要在夜间捕猎；其次，它们通常穿行于高大的植物之间；再次，它们很怕生。当你在乡村小路上骑行时，看到伶鼬的概率是最大的。它有时会飞快地穿过小路，但在你意识到那是一只伶鼬之前，它已经跑到对面去了。当然，在非常偶然的情况下，可能会有只小家伙潜入花园，如果你运气足够好，就能看到它在大自然中的样子，比如在沙丘里面的样子。如果它受到了惊吓，扔下猎物逃跑了，那就多等一会儿，它很可能会再次溜回来。

伶鼬不冬眠。

攻击

　　伶鼬不会主动攻击人类，但是如果你把它逼到角落里，那可就不一定了，被它那锋利的牙齿咬下去可是很疼的！所以千万不要这么做。

罗恩·伶鼬

　　《哈利·波特》系列中的主角三人组：波特、赫敏、韦斯莱，他们三人名字的英文拼写都非常接近荷兰语中的：水獭、白鼬、伶鼬……都是鼬家族呢！这是巧合吗？

　　也许不是哦。

寻找踪迹

　　伶鼬很轻，所以你很难找到它们的脚印，除非它刚刚走过了一层非常薄的雪或泥土。但即使是行家，也很难看出大伶鼬和小白鼬的脚印之间有什么区别。相比之下，辨别老鼠洞和伶鼬洞就简单多了。仔细观察，洞门口有羽毛、毛发和老鼠的尾巴吗？如果有，就说明里面住着一只伶鼬，它是洞穴的第二个主人，因为伶鼬自己并不挖洞。

足迹
（真实大小）

名字

别名：银鼠，白鼠，倭伶鼬。
学名：伶鼬。

引诱

　　有一个方法可以帮你引诱伶鼬出现。用你下面的牙齿抵住上唇并吸吮。这样就能发出一种尖锐的声音，类似于穴兔宝宝的呼救声。听到这个声音，伶鼬就有可能飞奔而来。

远有企鹅

企鹅潜水时，会有一层透明的膜滑到眼前。这种潜水型的隐形眼镜可真是聪明的发明

↑

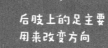

后肢上的足主要用来改变方向

↖

健壮的前肢像桨一样（在水下它看起来像是在飞）

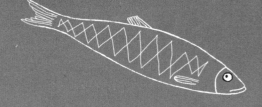

潜水的鸟

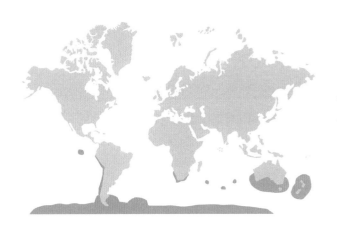

世界上约有 20 种企鹅，
其中大部分都生活在南
极附近。它们在海岸或
冰川上繁衍生息

企鹅是一类不会飞的鸟，走起路来摇摇晃晃的，憨态十足。但它们在水中的表现却极为敏捷。在水里，企鹅不再是搞笑的胖子，而是流线型的极速捕鱼高手！企鹅大部分时间都在冰冷的海水中捕食，它们能飞速挥动像鱼鳍一样的前肢，急速转弯。口一啄，哇，又抓到了一条鱼！

上一页那个灵活的潜水员是洪堡企鹅。
它们生活在南美洲西海岸，那里的海水温度
很低。还好企鹅有密实又保暖的羽毛外套。

足 [有蹼 (pǔ)]

近有凤头䴙䴘

"舷外发动机"

健壮的翅膀
紧贴着身体

防水油脂层

在水下视力也很好
（和没戴潜水眼镜
的人类可不一样）

锐利而坚固

潜水的鸟

凤头䴙䴘是一种水鸟，属于游禽。你有可能会看到，前一刻它还在水面上游泳，下一刻它就潜到水下看不见了。而且可能在短时间内见不到它，因为它可能会潜游到50米以外的地方才再次浮出水面。在游泳的时候，你可能也会潜到水下，但很难在水下待很长时间。如果你想和凤头䴙䴘比潜泳的话，那你输定了！凤头䴙䴘可以一边屏住呼吸一边迅速游过去捕鱼，这种高难度的潜泳可没那么容易完成。

脚掌

　　你肯定见过鸭掌的样子：鸭子的趾间有蹼。大部分水鸟的足部都长这样。然而凤头䴙䴘的足部看起来却不太一样，它的趾是分开的，每个趾周围都长着花瓣状的足蹼。趾会在足向前的时候并拢，足向后的时候张开。凤头䴙䴘凭着这对足成为踩水冠军。它们虽然是水中的游泳健将，但在陆地上就比不过我们了！因为它们不太擅长走路。但这不是因为足蹼，而是因为它们的双腿长得太靠后了。虽然这对游泳有好处，但会让行走变得困难，因此凤头䴙䴘更喜欢游泳，就像企鹅一样。

辨认

　　虽然凤头䴙䴘潜入水中就很难找到了，但在水面上寻找它还是挺容易的。因为它那美丽的棕栗色鬃角和黑色冠羽非常显眼。但是到了冬天，这些"装饰"会消失，这个时候想辨认凤头䴙䴘就比较困难了。但你仍然可以从它那苗条的身材、长长的脖子、尖尖的喙还有潜水的动作认出它来。

起飞

　　企鹅不会飞，可凤头䴙䴘不但会游泳，还能从水中起飞，它可比企鹅厉害多了。从水中起飞时，凤头䴙䴘需要先加速快游做预备，然后展开双翅飞起，这时候它看起来会更加苗条。不过凤头䴙䴘并不会经常飞行，它更喜欢长期待在同一个地方。大部分时间它都在水里游泳。

翼展约 90 厘米

约700克到1000克

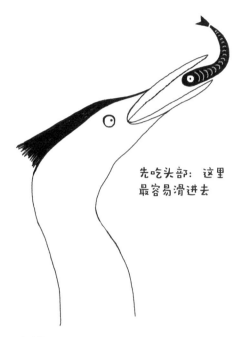

先吃头部：这里
最容易滑进去

食谱

凤头䴙䴘能吃很多种鱼，主要捕食个头偏小的鱼。但如果有机会，它也不会放过大个头的河鲈（lú）或欧鳊（biān）。它总是习惯将猎物整个吞下肚，吞咽小鱼很容易，但吞咽这些大鱼则要费很大一番功夫。除了鱼，水中的昆虫、虾和青蛙也是它的小甜点。

当它兴奋的时候，鬓角的毛会张开，冠羽会立起来

换衣服

许多鸟每年都会换一件新羽衣，有些鸟甚至一年换两次，例如凤头䴙䴘。初春，它们会换上自己漂亮的"派对装"。到了秋天，它们则会换上风格沉闷的冬季外套。但它们可不是像换装魔术似的一下子就换完了，它们的换羽过程是循序渐进的，不仔细观察的话很难注意到它们在换羽。企鹅则不同，它们会一次性换上新的羽衣。企鹅换羽期间不能游泳，因为此时它们的外套会漏水。而凤头䴙䴘的羽衣全年都是防水的。

哔哔——哔哔——哔哔
哔哔——哔哔

幼年凤头䴙䴘

啊啊……
啊啊……

成年凤头䴙䴘

尖叫和聒噪

凤头䴙䴘不会像鸭子那样成天嘎嘎叫。但是到了春天，你就会经常听到它们的叫声。凤头䴙䴘的声音并不是悦耳的歌声，而是一种嘶哑的尖叫。这种声音穿透力强，能传到水面以外很远。幼年凤头䴙䴘很爱叫，它们会吵闹着索要食物，即便长到了青春期依旧很聒噪。

吞下羽毛

幼年凤头䴙䴘最早吃的食物之一就是羽毛。长大一点后，它们还是会经常吃羽毛。因为这能保护它们的胃不被鱼鳍（qí）和鱼骨头刮伤。偶尔，它们还会排出一个羽毛球。

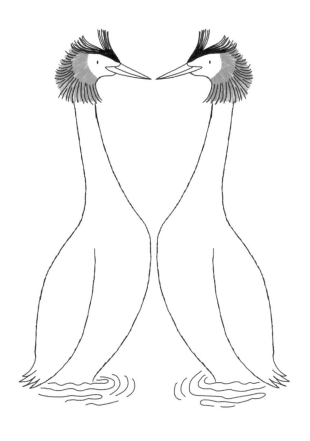

水上芭蕾

凤头䴙䴘会相互求偶，雄鸟会向雌鸟求爱，雌鸟也可以向雄鸟求爱。求偶时，它们会做出相同的动作，因为它们动作一致，所以这种舞蹈格外好看。通常情况下，舞蹈的开始动作是摇头。对人类来说，这个动作意味着"不，停下"，但对于凤头䴙䴘来说意味着"好的，继续吧"。然后它们会做出各种各样有趣的动作。有时一起潜入水中，有时嘴上会衔一些水草。这些水草是送给对方的礼物，当然也是舞蹈的重要道具。最精彩的部分它们还会一起踩水，此时它们的身体会高高立在水面上。这个动作很耗费体力，但十分惊艳。

一样好看

凤头䴙䴘的雄鸟和雌鸟看起来似乎没有区别，都很好看。我们几乎看不出它们的差异，但它们自己肯定能分辨出来。

洞对着洞

虽然凤头䴙䴘会花不少工夫跳舞求偶，但它们交配的时间却很短暂。交配时，和大多数鸟一样，雄鸟有些笨拙地爬到雌鸟的背上，把彼此的泄殖腔[1]对在一起。这样，交配就完成了。雌鸟体内的卵受精后，四周会长出壳，等蛋壳长完全后，则会被雌鸟排出体外。雌鸟每隔两天产1枚蛋。产下大概4枚蛋后，它觉得数量足够了，就会开始孵蛋。

[1] 鸟类泄殖腔除了排出代谢物及生殖细胞外，亦是交配时器官接合处。

女士们在行动

大约一个半世纪以前，人类猎杀了许多凤头䴙䴘，主要是为了获取它们的羽毛。凤头䴙䴘的冠羽被用来做女士帽子上的装饰，绒羽则被做成保暖手套。在欧洲的许多地方，凤头䴙䴘因此绝迹。1889年，一群英国妇女开始采取行动反对捕鸟。不到一年时间，她们的俱乐部就有了约5000名会员，这就是英国皇家鸟类保护协会的前身，这个协会现在已经拥有了数百万名成员。多亏了这些采取行动的女士们，让曾经近乎消失的凤头䴙䴘再次出现在我们的视野里。

条纹套装

凤头䴙䴘的雏鸟长得非常独特：一团毛茸茸的小球，身上还有斑马一样的条纹。而且它们破壳后很快就能游泳了，但企鹅的雏鸟就做不到这一点。小凤头䴙䴘经常坐在爸爸或者妈妈的背上搭顺风车，这样既方便又安全。这个方法的确非常有效，鸭子就没有这么聪明了，它们生的孩子比凤头䴙䴘的更多，但存活下来的反而少一些。

凤头䴙䴘的雏鸟有一身别具一格的条纹套装，随着它不断长大，条纹会逐渐消失

野猪、鸸鹋（ér miáo）、貘（mò）
和凤头䴙䴘之间有什么共同点呢？

它们的孩子都有条纹套装，所以分辨小鸟、小野猪和小貘可不容易。

漂浮的巢

通常凤头䴙䴘会直接在水边筑巢。有时候它们甚至会制造一处浮在水上的巢穴。为了防止巢漂走，它们会把巢固定在芦苇秆、树桩或其他竿子上面。凤头䴙䴘能就地取材，使用水生植物作为建筑材料。不止这些，在城市生活的凤头䴙䴘还会捡一些塑料条筑巢呢。你可能觉得这样有点不卫生，但是凤头䴙䴘可不介意。再说这个巢也不是用来休息的，它只是暂时用来生蛋和孵蛋的。雏鸟破壳而出后，凤头䴙䴘就会毫不犹豫地抛弃这个巢，因为在水波中它们也可以随时舒服地休息。

会变色的蛋

凤头䴙䴘刚产下的蛋是白色的，上面还有点淡淡的蓝色或绿色。但是一段时间过后，它们就会变成黄褐色。这种颜色源自巢穴里腐烂的水草。

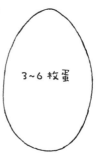

3~6 枚蛋

　　凤头䴙䴘的爸爸和妈妈不仅外表一样美丽，在照顾孩子方面也都很擅长。从孵蛋时就是如此。䴙䴘妈妈产下最后一枚蛋后，它们会轮流值班孵蛋。这样雏鸟们才得以安全地在蛋中成长，而且，所有蛋几乎同时（也就是 4 周后）孵化。

保持体温

　　和大多数水禽一样，凤头䴙䴘的尾部会分泌出油脂。休息的时候，它会用喙啄取油脂，并涂抹在羽毛上，这样就会形成防水层。在它们的普通羽毛下面还有绒羽，可以保持体温。

其他种类

　　除了凤头䴙䴘，荷兰还有 3 种䴙䴘：

1. 黑颈䴙䴘
2. 赤颈䴙䴘
3. 小䴙䴘

　　黑颈䴙䴘十分罕见，而赤颈䴙䴘更加罕见。小䴙䴘是一种迷你型䴙䴘，这种䴙䴘相对常见一些，尤其是在寒冷的冬天。因为每到冬天，小䴙䴘会顺着河流从野外游到城市温暖些的运河里。如果你在冬天看见一只迷你鸭子消失在水下，恭喜你，你见到了一只小䴙䴘！

通常淡水，有时咸水

　　凤头䴙䴘是一种淡水鸟，无论池塘还是运河都有它们的身影。它们尤其喜欢生活在岸边有芦苇的水域。但到了冬天，它们通常会搬到开阔的水域，甚至经常去海边。

　　运河里有一只凤头䴙䴘？这样的景象在一个世纪前是不可想象的。由于人类的捕猎行为，使得当时的凤头䴙䴘变得极为害怕人类，而且越来越罕见。

远有大熊猫

黑色的眼圈
（真可爱）

咔嚓
能够轻松地咬断竹竿，
或者人类的手……

它是食肉目动物，
但几乎只吃竹子

黑白宝贝

大熊猫仅生活在中国
中部的几片山林中

　　鼓鼓的腮帮,圆圆的耳朵,加上黑色的眼圈,你一定很喜欢这个模样可爱的大熊猫吧!
著名的生物学家兼制图员彼得·斯科特也非常喜欢大熊猫。当他和其他自然保护主义者
一起成立世界生物基金会(1986年更名为世界自然基金会)时,就选择了大熊猫作为
吉祥物。他当时设计了几个草图,其中一个成为了第一个正式的基金会徽标。黑白相间
的徽标打印出来既节约成本又大方美观。荷兰虽然没有大熊猫,但也有一种可爱的黑白
色食肉目动物。

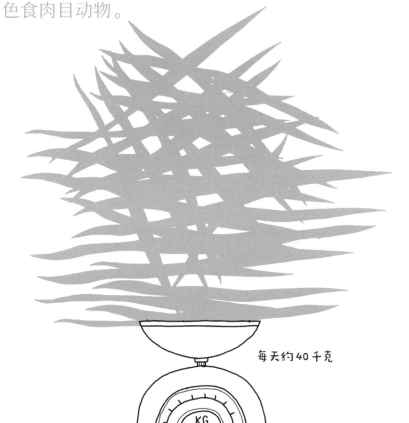

每天约40千克

彼得·斯科特在成立世界自然
基金会的会议上设计了这张图。

27

近有獾

白色的耳毛（熊猫就没有这个）

每只獾眼睛处的条纹都略有不同

小小的眼睛

嗅觉比视觉更灵敏

黑白宝贝

林奈是第一位把所有动物进行系统分类的生物学家。他给每种动物都起了独一无二的名字，还确定了不同动物之间的关联。由此，苗条的伶鼬和白鼬被归到了鼬科，而獾（huān）因为长着胖乎乎的身体和扁平的足部，则被归到了熊科。后来事实证明林奈在这点上并没有考虑周全，獾最后还是被归到了鼬科。不管怎么说，多亏了林奈的分类，让荷兰至少在一段时间里有了一只小"熊"。它有着白色的脸和黑色的眼圈：它曾经是荷兰的"熊猫"。

是兄弟吗?!

卡尔·冯·林奈
（1707-1778 年）

獾的皮毛

獾的背上有灰毛，至少看起来是灰色的。不过如果你仔细观察那些毛，就会发现每根毛都有 3 种颜色，像一面旗子似的。当然不是红色、白色和蓝色（荷兰国旗的颜色），从靠近皮肤端的根部开始，毛色向上依次是黄色、黑色和银色。獾腹部的皮毛是黑色的，这点也很特别，因为大多数哺乳动物的腹部颜色都比较浅。

家族

哺乳动物现存约 5500 种，其中约 230 种属于食肉目，食肉目中有 50 多种属于鼬科，鼬科中有 10 种属于獾亚科，其中 1 种就是我们现在所说的獾。

小小的黑色眼睛。因为脸上黑色的"眼罩"，獾的眼睛显得不太明显

像熊一样走路

獾走起路来有点摇摇晃晃的，就像一头熊。它会把后足平平地放在地面上，这点也跟熊一样。如果需要加速，它就会跳着走。每次跳跃之前它都会弓起腰部，但即便是这样跳着走，它的速度也不算很快。

5 个足趾（大多数
食肉目动物只有
4 趾）

来抓我呀!

嗅探器

獾主要依赖嗅觉而不是视觉。这很容易理解，因为它们大部分时间都是在黑暗中度过的，它们一般在晚上活动，白天则待在地下的洞中。出门前，獾会先用鼻子辨别空气中的气味。它们通常把鼻子从顶部的小洞探出去，如果闻到了可疑的气味，它们就会推迟出门的时间。它们在洞穴附近建立了一个完整的交通网络，人类很难发现这些错综复杂的小洞，但獾对所有秘密通道都了如指掌。它们会用鼻子循着自己留下的气味路线出行。

胡萝卜和蚯蚓

獾属于食肉目，它有着强壮的颌（hé），但它也会吃很多素食，比如水果、植物种子、蘑菇和胡萝卜。獾同样喜欢吃老鼠和兔子，但这些动物奔跑的速度往往比它快太多了，所以它主要还是以蚯蚓为食。

夜行

獾属于夜行动物，这主要是因为人类。几个世纪以来，人类一直在捕杀獾。即便到了现在，獾依然十分害怕人类。白天时，它们也并不仅仅是躺着睡大觉，而是在家里工作，比如挖挖洞什么的。不管怎么说，獾真正的外出时间是在夜晚。它们有时会走数千米远，天亮之前再返回家中。

咬

强大的颌

原始的獾可能比现代的獾更像食肉动物和捕猎者。但不管怎样，对于这样一种喜欢吃蠕虫和浆果的动物来说，牙齿显得特别凶猛，颌也显得格外强健有力。因为特殊的关节构造，獾在咀嚼时甚至可以把上下颌锁起来，所以最好不要招惹它们。对了，大熊猫的颌也极为强健有力，这是它俩之间的又一个共同点。

得益于越来越全面的保护措施，现在生活在荷兰的獾，数量已经是30 年前的 3 倍多了。

地下堡垒

你以为獾只会挖洞吗？并不是，它们能建造一座属于自己的地下城堡：一座堡垒！这座堡垒有好几层，每层都有不同的走廊和房间。通常这座堡垒会在獾的家族中世代相传，獾们会精心维护并不断拓展这座堡垒。冬天，獾的大部分时间都待在室内，因此它们在秋天会进行大扫除。它们会晾晒或者更换寝具（干草和蕨类植物），防止产生跳蚤。

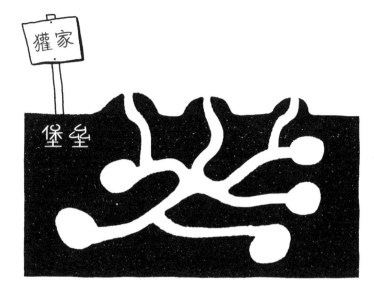

獾的堡垒通常有3~10个入口。但也有更大的堡垒

群居

大多数食肉目动物都喜欢独居，但獾却喜欢和自己的家人一起住在一个广阔的洞穴（堡垒）中。它们会在洞穴中度过生命中的大部分时间，尤其是白天，因为獾通常在天黑后才会出门。

幼崽

獾通常会生三胞胎。它的幼崽有着稀薄的淡灰色毛发。它们出生后的数周内都会紧闭双眼。但两个月后，当它们稍微长大一些，就可以第一次外出了。当然它们还是迷你型号的，这时，它们看上去更加可爱了。

离开家

略微大点了，獾的幼崽就可以离开洞穴了，但它们只能在家门口玩耍。它们会和小伙伴一起玩，也会和年长的亲戚们一起玩。再长大一些，它们就可以去离家远一些的地方了。到了夏天，妈妈会带着宝宝们一起出门，非常温馨。但到了秋天，如果今年的食物丰富，孩子们就可以继续留在家里。如果今年是荒年，那它们就必须离开家，自己养活自己。你可能会疑惑，是不是说反了？其实并没有。獾的父母有它们自己的育儿法则，它们真的会把孩子们赶出家门。

等待中的受精卵

獾在初春和夏末之间交配。受精卵会在獾妈妈的腹内"待机"好几个月，直到年底才开始生长发育。大约7周后，獾宝宝们就会来到这个世界上，因此所有的獾都出生在3月左右。

不长寿

獾可能会活到 20 岁。这个"可能"说的是生活在动物园里的獾，因为那里不仅有充足的食物，而且没有突如其来的危险。在大自然中，有部分獾能活到 6 岁以上，但一半以上的獾甚至活不过 1 岁。

亲眼看看

有件非常可悲的事情：如果你看见了一只真正的獾，那最有可能的情况就是你在路边看到了它的尸体，或者是在煎饼屋或游客中心看到它被做成了装饰品。当然如果你经常在黄昏时分经过獾的领地，或者在獾的堡垒附近静静等待，你就有机会遇见一只活着的獾，但是一定不要打扰它们。

5 根长而坚固的指甲，方便挖掘工作

右前足
（真实大小）

在荷兰，每年有近四分之一的獾被杀害。

寻找踪迹

比起寻找一只獾，搜寻它留下的踪迹会更容易一些。洞穴就是獾最明显的踪迹。如果你看见一大堆洞，周围还有很多沙子，那它很可能就是獾的堡垒。獾的洞穴口比较宽，但并不是很高。赤狐的洞穴则恰好与之相反。如果这里有蜘蛛网，说明这是一个废弃的洞穴。如果没有，你可以试试在此寻找獾的足迹。如果你找到了小小的"熊"掌，上面还有长长的指甲印，那么恭喜你，你找到了獾的足迹。

舒适之地

你可能认为獾住在森林里，少部分獾的确如此，但它们大多住在农田里。它们的确喜欢树木环绕的地方，但只要一小片树就足够了。獾会选择在干燥、有沙子的高地上挖洞做窝。它们喜欢在鲜嫩多汁的草丛中寻找食物，因为那里有很多它们喜欢吃的蠕虫。对于居住的田地，不一定非要十分广阔，但如果有树篱和灌木丛，这样的居住地对于獾来说堪称完美。

当獾见到自己的朋友时，它们会把臀部贴在一起。这样彼此就能接收对方的气味。这种问候很独特吧

浑身是宝

即便是半个世纪前，依旧有许多獾被人类用枪支和捕兽夹猎杀。因为当时的人们觉得獾是一种讨厌而有害的动物。此外，林堡人还喜欢吃獾的肉（例如用獾肉制作"酸肉"）。人们还把獾的油脂当作神奇的药膏，把獾的毛发制成剃须刷，至今这些事在有些地方仍会发生。人们把大熊猫视若珍宝，却不会去保护獾。虽然现在大多数剃须刷都是用猪毛、小马毛和人造毛制成的，但这些刷子上的毛还是会被染成獾毛的颜色。

从荷兰到东京

生活在荷兰的这种獾也被称为欧亚獾。它几乎遍布欧洲所有地区和亚洲的大部分地区，即便在中国、日本也有这种獾的身影。

荷兰和比利时

在荷兰，大部分獾生活在海尔德兰、北布拉邦和林堡。在比利时，獾主要生活在东部地区，包括阿登和林堡南部。

即便不算尾巴，獾也比狐狸要大。再加上尾巴，它就是荷兰最大的食肉目动物了。

面包夹獾肉

獾油
神奇药膏

如果你在低处的铁丝网上看见了一缕毛发，仔细观察一下。它是 3 种颜色吗？如果是，那就有可能是獾的毛发

远有塞伦盖蒂

令人兴奋的
大草原

经常上
电视

织布鸟的
鸟巢

这样的东西在这片
大草原上很常见

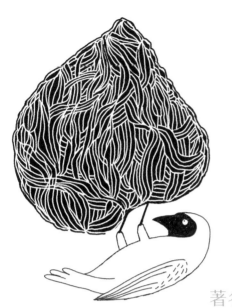

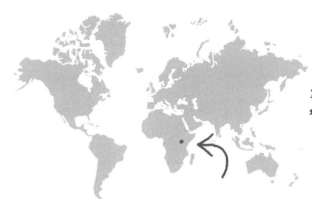

塞伦盖蒂位于坦桑尼亚北部

著名的塞伦盖蒂大草原位于非洲维多利亚湖的东面。你可能不知道这个名字，但你肯定经常在电视上见到这片草原。《狮子王》当中很多场景的灵感正是来自这里。

牛椋（liáng）鸟会在牛和其他大型动物身上寻找蜱，然后把它们吃掉。每种动物都对牛椋鸟的到来感到很高兴（除了被吃掉的蜱）

"热带草原"听名字就让人心生向往。但对于生物学家来说，这个词只会让他们想起许多草和一些零零落落的树。其实这儿有粗大的猴面包树，还有树枝上悬挂着织布鸟巢的金合欢。长颈鹿和大象在吃树叶，成群的有蹄目动物在吃草。看，优雅的瞪羚身旁有一群长着坚硬牛角的强壮水牛，还有一群斑马飞奔而过。但是，每种动物最终都会死亡，这里的动物也不例外。有些动物被狮子或豹子捕食，有些动物则因饥饿、疾病或意外死亡，这是大自然不变的法则。所以这里也会有动物的尸体，以及各种各样以尸体为食的动物，比如秃鹫和鬣狗。还有一些小家伙，比如苍蝇和甲虫，它们会在尸体上产卵。你可以在塞伦盖蒂见证死亡，体验生命，只可惜那里实在是太远了。

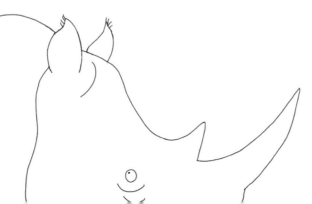

近有东法尔德斯"大草原"

弗莱福兰省[1]的东法尔德斯普拉森[2]东部是一片鲜为人知的区域。虽然这个地方被叫作东法尔德斯普拉森，普拉森在荷兰语中是水洼、浅水滩的意思，但这里并不是一片水洼，而是一片草原。

大片的草，零落分布的接骨木和一些柳树。这样的景象使得生物学家将这片区域称为疏木草原。在这里，柳树的枝条上悬挂着攀雀的巢穴、西方狍满足地咀嚼着柳叶、成群的有蹄目动物在吃草，比如优雅的欧洲马鹿和壮实的牛。不时还会有一群野马疾驰而过。但任何生物都逃不过生老病死，这里也不例外。大多数动物在冬季死亡，因为那时草原上的草最少，食物匮乏。在人类眼里，垂死或死去的动物是凄凉而悲哀的，但有些动物却对这样的景象喜闻乐见。例如乌鸦、渡鸦和喜鹊这些以尸体为食的动物，白尾海雕也喜欢吃这种食物。一旦尸体被撕开，狐狸也会聚集过来大快朵颐。不久后，丽蝇和食腐甲虫就会在腐肉中产卵。这是一片真正的狩猎区。而且从莱利斯塔德[3]和阿尔梅勒[4]骑着自行车就能抵达这里……

令人兴奋的大草原

[1] 弗莱福兰，是荷兰中部的一省，1986年建省，是荷兰第12省，分为6市。
[2] 东法尔德斯普拉森，位于荷兰弗莱福兰省，是一片有着浅地、小岛和沼泽的自然公园。
[3] 莱利斯塔德，是位于荷兰中部的一座城市，也是弗莱福兰省的首府。于1967年在新开垦的土地上建立，城市海拔约为海平面以下5米。
[4] 阿尔梅勒，是荷兰弗莱福兰省的一座新市镇。

鹿的乐园

说到欧洲马鹿，人们很容易想到荷兰的梵高国家森林公园[1]。这些高大的鹿确实生活在那里，不过它们经常躲在森林中。如果你能早早出门并保持安静，运气好的话，你就可以看到它们。弗莱福兰更是鹿的乐园。你甚至可以坐在火车上观赏这些马鹿，因为阿尔梅勒和莱利斯塔德之间的火车会经过东法尔德斯普拉森的草原。那里住着一大群鹿，看到它们还是挺容易的。长着大角的雄鹿尤其令人印象深刻，不过小鹿就可爱多了，它们身上还长着小鹿斑比[2]那样的花纹。

飞廉[3]丛中的小鸟

红额金翅雀是一种美丽的小鸟，它有红棕色、亮黄色、雪白色和深黑色的羽毛，还有个鲜红色的小脸。它们经常成群结队地从树上飞到草地上寻找种子吃。在荷兰语中，红额金翅雀还被称为"飞廉雀"，因为它们经常穿梭在飞廉丛中，从植物的茸毛中啄取种子。割草机是不会放过飞廉的，但牛、马和鹿却不吃这种带刺的植物，因此红额金翅雀可以在东法尔德斯普拉森愉快地生活。

虎头蜂是一种大胡蜂。你在阳台上不会看到这种胡蜂，但在东法尔德斯普拉森会遇到它们。它们在那里捕猎昆虫，也会吃死去的动物。

东法尔德斯普拉森区域禁止人类捕猎。也许正因如此，这里的狐狸在白天也会出没。

地下

小家鼠有着尖尖的吻部，以及又细又长、光溜溜的尾巴。**普通田鼠**则不同，它的吻部偏钝，毛茸茸的小尾巴也很短。普通田鼠看起来有点像侏儒仓鼠，它和侏儒仓鼠的亲缘关系也的确比它和小家鼠的亲缘关系更近。普通田鼠喜欢开阔的地方，但是也不完全这样，因为它们有很多很多天敌：红隼、鹭、乌鸦、猫头鹰、海鸥、狐狸……以及它们最强大的，或者说"个头最小的"敌人——伶鼬。伶鼬甚至会追到普通田鼠的洞里！但田鼠繁殖能力极强，所以它们并没有因此而变得稀少。

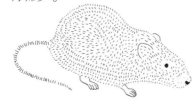

[1] 梵高国家森林公园，是一座荷兰国家公园，也是西北欧最大的低地自然保护区，被称为荷兰的绿色瑰宝。
[2]《小鹿斑比》这部迪士尼动画电影里的主角叫斑比，是一头小鹿。

[3] 飞廉为一年或两年生（少数为多年生）草本植物，为菊科下的一个属。飞廉属约含95个物种，在亚洲、欧洲和非洲都有分布，多为蜜源植物，也有少数可作为观赏植物。

游隼极速俯冲而下（时速高达200千米/时），经常捕捉飞行中的鸽子和紫翅椋鸟。

野马

非常遗憾，欧洲野马已经灭绝了。这种野马曾经生活在欧洲大部分地区，包括荷兰。大多数欧洲野马被人类杀死了，少数野马则被驯服了。一个多世纪以前，最后一匹欧洲野马在俄罗斯死亡。不过，现在依然有一种有着欧洲野马血统的马生活在波兰，那就是柯尼克波兰小马。自然爱好者把这些小而坚韧的马带到了荷兰，并在自然保护区中放生，其中包括东法尔德斯普拉森。它们在那里的大草原上生活得很不错。这也是全欧洲最大的一群柯尼克波兰小马，草原上的盛况仿佛回到了史前时代一般。

原牛

家牛是原牛的后代。原牛在1627年就灭绝了。但如果你见过东法尔德斯普拉森的海克牛，你肯定会非常吃惊，因为它们和原牛非常相似。能培育出这个品种的牛多亏了鲁兹·海克。1930年左右，他曾是柏林动物园的负责人。他和他的兄弟海因茨一起，试图培育一种和原牛相似的牛。于是他们选取了科西嘉山牛、西班牙斗牛、苏格兰高地牛和匈牙利草原牛进行培育，并取得了成功。和黑白相间的奶牛不同，这些海克牛不用待在牛棚里，也不需要像奶牛一样挤奶。

新羽毛

灰雁最喜欢的食物就是草了。而东法尔德斯普拉森为它们提供了充足的食物。但那里也有它们的天敌：狐狸。所以灰雁总是小心翼翼的，如果发现有危险，它们就会立即飞走。但每年有大约一个半月的时间，飞行会变得有些困难，因为这段时间灰雁的翅膀换羽，正在长出新的羽毛。在此期间，它们会暂时搬到东法尔德斯普拉森的湿地附近，因为狐狸不喜欢去那里。在湿地附近，灰雁主要以芦苇秆为食。如果没有这些灰雁，芦苇就会长满湿地。那样的景色似乎也不错，你会在这片区域看到不同的景色：草原、芦苇地和湿地。是不是感觉更有趣了？

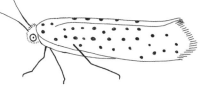

巢蛾的毛毛虫在柳枝上吐丝做巢。白天它们安全地待在里面，晚上才会出来吃柳叶。

啄食尸体的鸟

渡鸦和它的表兄乌鸦十分相似。乌鸦看起来挺大的，而渡鸦的体形更大，它什么都喜欢吃，包括死亡动物的尸体，尤其偏爱大型动物的尸体。人类不喜欢死亡的动物，在城市里，动物尸体很快就会被人类清理干净。但在东法尔德斯普拉森，动物的尸体会成为另一些动物的食物，就像在非洲的塞伦盖蒂大草原上，秃鹫会啄食角马或水牛的尸体，东法尔德斯普拉森的乌鸦也会啄食欧洲马鹿或海克牛的尸体。

小红蛱蝶的幼虫喜欢吃飞廉的叶子，成虫则喜欢从飞廉的花中吸食花蜜。到了秋天，有些小红蛱蝶甚至能飞到南欧。

粪便和花蜜

父母总会把最好的留给孩子，**黄粪蝇**（是的，这就是它的名字）也是如此。黄粪蝇的孩子一出生就生活在粪便中，粪便可以帮助蛆——它的幼虫顺利长大成为成虫。成年后的黄粪蝇会捕食其他昆虫，或者从花里吸食甘甜的花蜜。海克牛的粪便上总是停满了黄粪蝇，对于黄粪蝇来说，这里还是一个理想的约会场所，雄蝇总是在粪便上等待想要交配产卵的雌蝇。

分享尸体

挖墓穴用来埋葬死者的人被称为掘墓人，而动物界也有这样的职业，埋葬其他动物尸体的甲虫被称为**埋葬虫**。它们会埋葬小鸟和老鼠的尸体，埋葬的方法是挖空动物尸体下面的土地。这对这些甲虫来说是一项大工程。但只有这样，甲虫和它们的孩子才能享用整个尸体。当然，死去的鹿、牛或马对它们来说就太大了。它们必须和海雕、蝇蛆、渡鸦、狐狸、食腐甲虫、普通鸶、胡蜂以及更多的嗜尸者一同分享这些尸体。在这种情况下分享也不成问题，因为大家都够吃。

西方狍是体形比较小的鹿，看起来有点像瞪羚。它们通常躲在林中，有时也会出现在大草原上。

出乎意料

白尾海雕这个名字一听就让人觉得它应该不会生活在淡水水域。事实上，白尾海雕主要居住在湖泊和河流附近——也就是淡水附近。这种鸟的体形非常庞大，你是不是觉得它似乎不会选择荷兰定居？然而事实并非如此。从 2006 年起，白尾海雕就开始在荷兰繁衍生息了。一对来自德国的白尾海雕看中了东法尔德斯普拉森的柳树，从此便在此安家了。它们在那里捕食鱼类和水鸟。如果有机会，它们也会啄几口欧洲马鹿的尸体果腹。

挖沙子

黄条背蟾蜍得名于身上一条从臀部到头部的淡黄色条纹。比起游泳，这种蟾蜍更擅长挖掘。这种有趣的身上长满疙瘩的小动物会把卵产在非常浅的水中，通常是雨后的小水坑里。它们会选择在春末产卵，因为那时的水温不会太低。如果不是为了产卵，它们其实更喜欢干燥的地方。最好是有沙子的地方，这样它们就可以在白天轻松地挖坑钻进去，晚上再出来捕食甲虫和蜘蛛。

在东法尔德斯普拉森，紫翅椋鸟经常"骑"在马、鹿或牛的背上搭便车。因为那里不但视野广阔，而且还能捕食昆虫。

狐狸也会被愚弄

凤头麦鸡是一种鸟，但它们并不生活在树上或者灌木丛中，而是在草地上繁衍生息。虽然割草机会破坏它们生存的草地，但好在东法尔德斯普拉森并没有割草机。不过那里却有它们的天敌狐狸。狐狸很聪明，但凤头麦鸡有时更胜一筹。如果一只正在育雏的凤头麦鸡发现附近有一只虎视眈眈的狐狸，这只机智的鸟就会假装自己的翅膀受伤了。这时，它会笨拙地拍打自己的翅膀，把狐狸从自己的窝边引开。等跑到距离幼鸟足够远的地方，它就会突然"痊愈"，快速逃跑，那时狐狸也只能干瞪眼了。

大白鹭经常在吃草的马中间穿行，捕捉那些为了躲避马蹄而跳出来的青蛙。

远有信天翁

嗅觉灵敏，对鸟类
而言很特别

它会把多余的盐分
从鼻孔排出

通常情况下，信天翁在海
上飞行时，都会贴近海面，
飞得很低。这样既可以节
省能量，又便于迅速捕食
水中的猎物

海上滑翔机

漂泊信天翁在南极附近的岛屿繁殖，它们能飞越南极海

漂泊信天翁是体形最大的一种信天翁，它有一双巨大的翅膀。因此它们可以在海上滑翔数月，并寻找放松警惕的鱼、死鱿鱼或者其他小吃。它们被称为最浪漫的鸟类，一旦它们找到配偶，便会厮守一生。漂泊信天翁 6~7 岁成年，雌鸟每次繁殖只生一枚蛋，大约 3 个月后蛋才会孵化。经过半年时间的照料，幼鸟就能离开父母独自生活了，此时父母的使命才算完成。只有在南极地区才能见到这种鸟。在北海之上，你永远不可能见到如此强大的"滑翔机"。

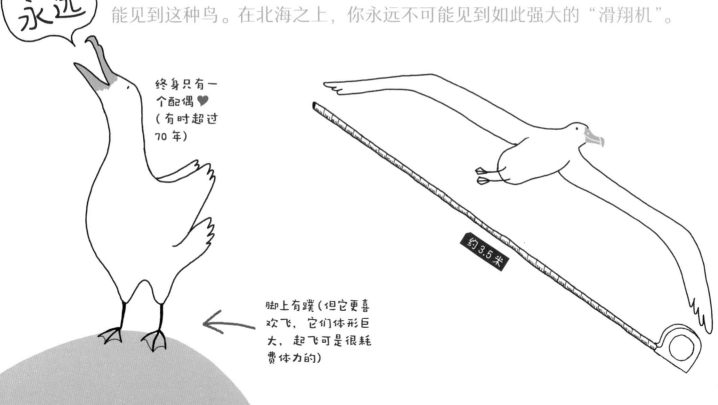

永远

终身只有一个配偶 ♥
（有时超过 70 年）

约 3.5 米

脚上有蹼（但它更喜欢飞，它们体形巨大，起飞可是很耗费体力的）

黑色的羽毛
比白色的更坚硬

海上滑翔机

能紧紧叼住
猎物

近有银鸥

透过双筒望远镜眺望北海，你会看到一只白色和银灰色相间的大鸟在海上滑翔。当它舒展开双翼时，翼展——两个翼尖之间的距离，可达 1.5 米。那是一只信天翁吗？不，北海[1] 不会有信天翁的，那只是一只再普通不过的海鸥。在海边的快餐店屋顶也能见到这种鸟，它就是银鸥。它的美丽令人印象深刻。

宽阔的"海岸"

银鸥并没有像你想象的那么喜欢海。它也不是那么享受盘旋在大海中的感觉，它最喜欢的是海岸，而拥有广阔海岸的荷兰和比利时，对于银鸥来说简直太完美了。你经常能看到这种鸟，无论是城市里还是刚刚犁过的田地上，它们会出现在一切能停留的地方，而且最喜欢选择大海附近作为繁殖的地点，银鸥重要的繁殖地有泰瑟尔岛、泰尔斯海灵岛、斯希蒙尼克奥赫岛、马斯夫拉克特港口、塞夫林赫（泽兰弗兰德斯）。

海鸥在望

对于陆地上的人来说，"海鸥"可谓名至实归。如果你在陆地上看到一只海鸥，就说明大海离你不远了。与之相对的是，如果你在海上看到一只海鸥，就说明陆地离你不远了。因此对于水手来说，它就是"陆鸥"。

翼尾约 1.5 米

黑色更坚硬

几乎所有的海鸥都有黑色的翼尖，很漂亮。这种使翼尖显现黑色的物质，其实还能增强羽毛的硬度。这些翼尖也确实需要用到更大的力量。

蹼

---

[1] 本书中出现的"北海"均指大西洋东北部边缘海（荷兰语"Noord Zee"，意为"北边的海"，与其南方的须德海相对应），位于欧洲大陆的西北，即大不列颠岛、斯堪的纳维亚半岛、日德兰半岛和荷比低地之间。

啄人的喙

银鸥的喙看起来十分醒目，但它的咬合力其实并不是非常强。银鸥虽然能很好地用喙叼住并拖拉猎物，但并不能把螃蟹或贝类的壳咬开。不过它很擅长啄东西，无论是啄食物，还是啄讨厌的动物甚至人类的脑袋！

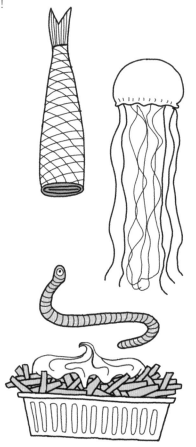

谋生

银鸥是靠什么来获取食物的呢？让我们举几个例子：

靠踩：它们经常在草地上吧哒吧哒地踩，这样蠕虫就会爬出来。快，一口干掉蠕虫！

靠摔：打不开贻贝？没关系，只要把它从10米高的地方摔到水泥地上，问题就迎刃而解了。

靠漂：轻松地在退潮的沙滩上找吃的，或者更轻松地漂在海上，慷慨的大海会为它准备好食物的。

靠捡：通常渔民捕捞的鱼远远比他们想要的多。因此，他们会把不值钱的鱼扔下船，这对银鸥来说就是一场美食盛宴！它们会紧紧跟随渔船，以免错过美餐。

靠偷：银鸥并不会讲礼貌。它们会从你手中叼走三明治，或者从其他更羞怯的海鸟那里抢走猎物。

靠捕鱼：好吧，银鸥有时也会自己捕食。如果看见一条鱼靠近水面，它就会迅速地把鱼抓起来。

就像猫头鹰一样，银鸥会吐出食团，也就是它们无法消化的食物在胃里积存形成的小团，里面有骨头、鳞片和螃蟹壳的碎片。动物学家可以通过食团来研究它们的食谱。

鱼和薯条

当然，银鸥也不是什么都吃，不过它喜欢吃的东西确实又多又杂。首先就是鱼，但通常不是它自己抓到的鱼，而是它捡到的鱼，或者是偷来的鱼。此外它还喜欢吃其他各种各样的海洋生物：螃蟹、水母、海星、虾和贻贝。它也喜欢吃陆地上的动物：蚯蚓、老鼠、大蚊幼虫和幼鸟。它甚至还吃素食，比如海藻，有机会的话它也会试一试炸薯条或者醋栗面包。

呕吐开关

这可能不太合你的口味，但银鸥宝宝确实喜欢吃爸爸和妈妈的呕吐物。刚刚破壳而出的小银鸥就知道怎么要求父母把嚼碎的鱼虾喂给自己：它们会啄父母喙上的一个橙色小点，然后父母就会把东西直接吐出来。如果幼鸟走运的话，呕吐物会正好落在它的喉中。

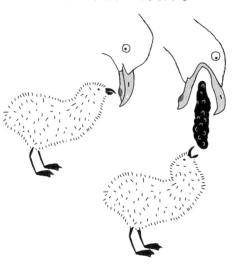

一起繁殖

有时候，你可能会在海上或海滩上看到一只孤独的银鸥。但是到了 4 月底，它们就会开始寻找伴侣。这时成千上万只的银鸥会聚集在一起。它们每年都会在同一个地方聚会，那里是它们的集中繁殖地，是新老夫妇的约会场所，也是它们筑巢的地方。为了找个好地方筑巢，鸟儿之间经常会发生激烈的争执。每只鸟都想挤到中间去，没有谁愿意待在边缘。集中繁殖主要是出于安全需要。这是十分有必要的，因为银鸥的巢就在地上，狐狸和大鼠随时都可能前来攻击，但如果要面对成千上万只银鸥可怕的喙，鸟蛋和幼鸟就不再那么有吸引力了。

银鸥的巢穴很简单，它们只是把藻类和草铺在地上，有时还会放些塑料。

蛋

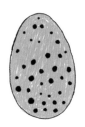

银鸥妈妈通常会在两三天内产下三枚蛋。在产下最后一枚蛋后，它们就开始孵蛋。银鸥父母会不时地交替孵蛋。大约 4 周后，它们的努力和耐心就会得到回报，银鸥宝宝就破壳而出啦！

绒毛球

许多鸟的宝宝刚出生时都是光秃秃的小瞎子，但银鸥宝宝却是可爱的绒毛球，它们有亮晶晶的小眼睛，身上还长了棕色的斑点。其实这些雏鸟已经可以直接离开巢穴了，但它们并不会这么做。前几周，宝宝们都会乖乖待在巢里。它们并不会和邻居一起玩，因为银鸥父母会为自己的孩子提供食物，而邻居家霸道的宝宝不会给它们任何东西，甚至还会凶猛地啄它们。

换装

书中的照片上，似乎所有银鸥都穿着白色和银灰色相间的羽毛西装。但在野外却经常可以看到带着斑点的棕色银鸥，其实它们是年轻的银鸥。银鸥在 3 岁以前，都穿着棕色的童装飞来飞去。当然随着时间流逝，它们的羽毛会逐渐变得越来越白。但是它们在成长过程中得换好几套羽衣，最后才能穿上优雅的成年装。

银鸥可以活到49岁

6 周大的银鸥幼鸟会长出真正的羽毛，这时它已经可以飞行了。虽然它并没有上过飞行课。

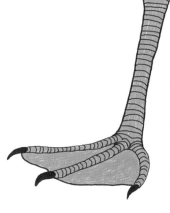

太多气体

从银鸥的脚上你就能看出它会游泳。它会用粉红色的脚踩水，从而浮在海浪上。事实上银鸥也是非常擅长游泳的"游泳健将"！它根本不会沉到水下去。因为它的羽毛之间有很多空气，这可以帮助它们浮起，因此银鸥无法像凤头䴙䴘或普通鸬鹚（lú cí）那样潜下水去捕鱼。

在荷兰，银鸥的腿脚是粉红色的，但并非所有的银鸥都是如此。比如在瑞典南部，银鸥的腿脚就是黄色的

大笑

银鸥会在海岸上发出大笑般的声音，此外还可以发出其他不同的声音，多像一种语言！尽管绝大多数人类不能理解这种语言，但有一位耐心的生物学家对此进行了细致的研究，他不但学会了分辨银鸥发出的 18 种不同的声音，而且还能理解大部分声音的意思。

亲眼看看

在荷兰，如果想亲眼看看银鸥，你不必起大早出门，也不必走很远的路，只要出门时多抬头看看，就有可能看到一对银鸥飞过。[1] 如果你住在海边，在海面上看见银鸥的可能性就更大了。如果在沙滩上或者港口边，也很容易看到银鸥。如果你搭渡轮去弗里西亚群岛，你将会看到无数的银鸥围绕着渡轮飞翔，那景象非常美丽，银鸥简直是完美的平面模特！如果你看到一群海鸥在一起，其中最大的通常是银鸥。但也有例外情况：如果你看到一只有着深灰色翅膀的巨鸟，那可能是大黑背鸥。

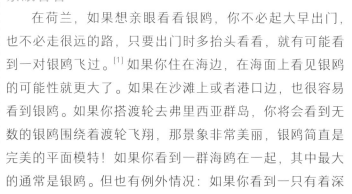

不是亲戚

信天翁和银鸥有些相似，但它们并不是一家人。它们最大的区别在喙上：信天翁有管状的鼻孔，银鸥则没有。信天翁和海燕才是亲戚，海燕也有这样的管状鼻孔。

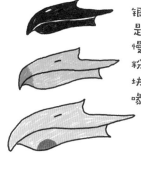

银鸥很小的时候喙是黑色的。随着它慢慢长大，喙会变成粉红色，喙尖有一块深色的斑。最后喙才会变成黄色

---

[1] 银鸥分布广泛，在我国新疆和内蒙古东北部、黑龙江西北部繁衍生息，迁徙或越冬于黑龙江、吉林等多地。

红嘴鸥
- 体形小
- 深棕色的头部（冬季为白色）
- 红色的喙
- 红色的腿

银鸥
- 体形大
- 黄色的喙，上面有橙色斑点
- 粉红色的腿

普通海鸥
- 体形中等
- 黄色的喙
- 黄绿色的腿

城市里的海鸥

　　如果你漫步在荷兰的街头，你可能会偶遇3种海鸥。该如何区分它们呢？看看这里就知道了。

最大的海鸥
大黑背鸥

喜欢人类的海鸥 ♥

　　大多数人不喜欢海鸥。他们觉得这些鸟不但粗鲁而且吵闹。但大多数海鸥非常喜欢人类。它们尤其喜欢：

- 把部分捕捞的鱼扔下船的渔民；
- 把很容易撕开的垃圾袋扔在外面的人；
- 在沙滩的露台帐篷边上吃薯条的小孩；
- 有大面积砾石屋顶的公司，因为它们可以在那里安全地孵蛋。

50种海鸥

　　世界上有大约50种海鸥。你能在荷兰和比利时见到其中20种，有一半的海鸥十分常见。比如红嘴鸥和银鸥，以及大黑背鸥。大黑背鸥比银鸥还要大，是世界上最大的海鸥。

远有金梭鱼

前面的背鳍
经常受损

下颌突出
（看起来很凶）

凶猛的
掠食性鱼类

已知的金梭鱼大约有 25 种，大多数生活在靠近海岸的温暖海洋中

金梭鱼游泳时仿佛一支长枪，但很多时候它只是在水中缓缓地漂移，或者在珊瑚间慢慢游动，好似在公园里散步一般。这其实是它的策略，这样可以避免引起猎物的警惕，利于它迅速进行捕猎。它大大的眼睛时刻都在关注着周围的一切。当然在浑浊的水中它也可能会选错猎物，比如咬在游泳者的腿上，那可是非常疼的！

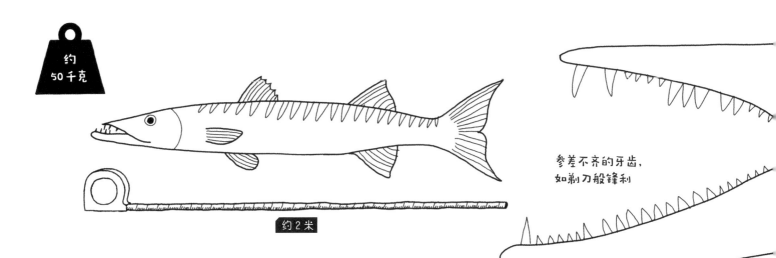

约 50 千克

约 2 米

参差不齐的牙齿，如剃刀般锋利

大鳞鲆（yú）是金梭鱼科中的一种，最大个体记录长约 2 米。

近有白斑狗鱼

非常靠后

保护色

亮闪闪

大眼睛（可以紧紧盯住猎物）

几乎和所有的鱼一样，白斑狗鱼腹部颜色较浅，呈现出一种泛黄的白色

凶猛的掠食性鱼类

这是生活在沟渠里的金梭鱼吗？看起来确实有点像。同样修长的身体，同样形状的嘴巴，同样圆圆的大眼睛和分叉的尾鳍。当然，还有同样巨大的体形。但这是白斑狗鱼。从外表就可以看出来，它其实是一个捕猎者。如果你注意到它那长满尖牙的大嘴，你一定会对此深信不疑。它捕猎时快如闪电，但大多数时间它都会保持不动，静静地悬浮在水生植物之间。你很难注意到它，直到被它突然咬了一口！

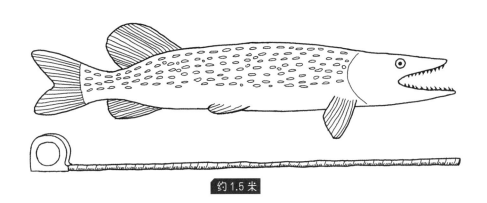

约 1.5 米

奇怪的鳍

白斑狗鱼的鳍有点奇怪。特别是背鳍，位置非常靠后。所以从它的头部到背鳍之间，有很长一段背部都是光溜溜的。它的背鳍位于臀鳍（底部最后一个鳍）的正上方。身体后部的这些鳍和它那大号的尾鳍相结合，使它可以像带缨的长矛一样射向前方。

识别

如何辨认白斑狗鱼呢？从它那长长的绿色身体、身上的斑点与条纹、靠后的背鳍，以及它那独具特色的嘴巴，你就可以轻松地认出它来。

危险的牙齿

白斑狗鱼的嘴宽而扁平，就像鸭子的嘴，但里面却长着锋利的牙齿。最长的牙齿长在下颌，而且它的上下颌都长满了锐利而密集的牙齿。这些牙齿向后倾斜，使得猎物只能滑向一个方向：它的喉咙！白斑狗鱼的牙齿经常磨损。但这对它来说无甚大碍，因为新牙很快就会长出来。

扁平的嘴里长满了锋利的牙齿

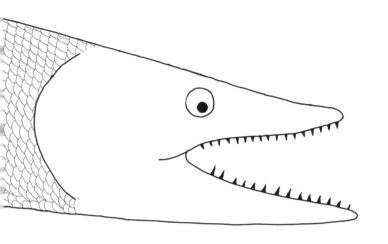

吞咽

白斑狗鱼不会把食物嚼碎，而是直接将猎物整个吞下肚子，再用酸性的胃液消化它们。白斑狗鱼的肠道不像人类的那么弯曲，因此它比人类更容易排便。大约 4 天后，它就能把无法消化的部分全部排出体外了。

狩猎

白斑狗鱼的捕猎方式有点像老虎。它习惯等待猎物，经常躲在水生植物之间。它身上的斑点和条纹使它很难被发现。如果一条粗心的鱼游到了它的捕猎范围内，它就会立即采取行动。而且只要它张开嘴，就会产生一股吸力。因此，当小型猎物靠近时，体形庞大的白斑狗鱼只需把嘴张开，就会有食物被吸进它的嘴里。老虎可做不到这一点！

同类相食

年幼的白斑狗鱼也会捕猎。它们一开始捕食水蚤。等长到孔雀鱼那么大时，它们就开始捕食稍大一些的水生生物，例如端足类。等长到棘背鱼那么大时，它们就可以捕食鱼类了。随着白斑狗鱼不断长大，它们逐渐可以捕食体形越来越大的鱼。白斑狗鱼并不挑食，它们就吃那些最常见的鱼，比如小鲤鱼，甚至是比自己体形小的白斑狗鱼。但它们不太喜欢吃那些背鳍带刺的鱼。不过无论是无尾目[1]还是有尾目[2]的动物，它们都爱吃。白斑狗鱼一旦长大了，还会捕食在水中游泳的水䴙（píng，详见第 70 页）和小鸭子。相比之下，这些猎物统统不是它的对手。

---

[1] 无尾目是属于两栖纲的动物，主要包括蛙和蟾蜍两大类。

[2] 有尾目是终身有尾的两栖动物，主要包括蝾螈（róng yuán）、小鲵（ní）和大鲵。

追逐的雄鱼

白斑狗鱼一般都是独自生活。只有春天，也就是产卵的季节，它们才开始寻找配偶。此时它们会前往长着许多植物的浅水区，那里很适合产卵，之后还能充当鱼宝宝的庇护所。雄鱼会提前抵达，不过这并不是为了战斗，而只是想准时罢了。年长的雌鱼一般比年轻的来得更早。这样一位带着满腹卵子的漂亮胖女士可不愿意错过合适的好男儿。当雌鱼在寻找合适的地方时，总会有两三只雄鱼追逐着它。等到它选好了地方，那个被它挑中的雄鱼，就会把自己的下腹部贴在雌鱼的下腹部下方。这样，一旦雌鱼把卵排出，雄鱼就能使其受精。只需几分钟，就会有大约 40 枚卵受精。短短 3 天时间，这位女士就能排出几十万枚卵！

白斑狗鱼的卵是橙黄色的，大小和页面上显示的差不多。它们待在河底不太深的地方。如果在温暖的环境中，需要约 2 周时间鱼宝宝们就能孵出来。如果温度比较低，则需要再加一周。

大个头的雌性

白斑狗鱼一生都在不断长大。雌鱼生长得更快，所以雌鱼会比雄鱼长得更大。最大的雄性白斑狗鱼约 1 米长，而年长的雌性白斑狗鱼长度可以达到它的 1.5 倍。这点与人类不同。但在大自然中，雌性比雄性大的情况其实并不罕见。许多鱼和蛇都是如此，有些种类的雌性蜘蛛甚至比雄性蜘蛛重上千倍。

不断生长的白斑狗鱼。
1 岁：15~30 厘米；
2 岁：30~40 厘米；
3 岁：40~50 厘米。

当受精卵排出后，父母就不会再照看它们了。

独立的宝宝

白斑狗鱼宝宝出生之后，因为此时它们的肚子里还有足够的存粮，所以可以在没有食物的情况下存活约 1 周的时间。但等存粮消耗光了，它们就必须去找东西吃了。首先从水蚤等桡（ráo）足类生物开始。桡足类是生活在海洋及淡水环境中的一种细小的甲壳类生物，也是白斑狗鱼宝宝蛋白质的重要来源。宝宝们很快就能学会捕食。随着不断长大，它们开始捕食更大的猎物。一旦白斑狗鱼开始吃鱼，它们就会生长得更快。鱼显然比水蚤更有营养。

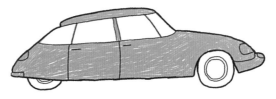

这辆车——雪铁龙 DS 系列中的一款，昵称"白斑狗鱼"

衣服干净了，水脏了

大约 40 年前，荷兰的沟渠、湖泊和池塘比现在脏得多，因为那时的水中含有过多的磷酸盐。这些物质来源于肥料和洗涤剂，而藻类非常喜欢磷酸盐，过量的磷酸盐使藻类在水中疯狂地生长。但如果浮游藻类太多，水就会变得昏暗不清，白斑狗鱼很讨厌这种环境。后来，人们减少了洗涤剂中磷酸盐的成分，并优化了废水净化技术。农民处理肥料时也更加小心，白斑狗鱼的生活环境这才得到了改善。

清澈的淡水

海里是没有白斑狗鱼的。它们喜欢清澈的淡水，如果水域里有一些水生植物就更好了。沟渠或运河都是很好的选择，池塘和流速缓慢的河流也不错。尤其是年幼的白斑狗鱼，它们必须躲在水生植物之间，并保证自己具有良好的视野。长大的白斑狗鱼则没有那么挑剔，除非是在选择产卵地点的时候。

鱼跃

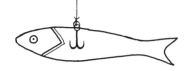

钓鱼人

白斑狗鱼深受荷兰钓鱼人的喜爱。过去人们曾把活鱼当作鱼饵，挂在钩子上用来诱捕白斑狗鱼，后来这种做法被禁止了。现在，想钓到白斑狗鱼的人通常会使用一种带着鱼钩的假小鱼。这种闪闪发光的小东西在水中十分显眼，对白斑狗鱼非常有吸引力。不过大多数捕鱼者在拍了几张照片之后，就会把白斑狗鱼再次放回水中。

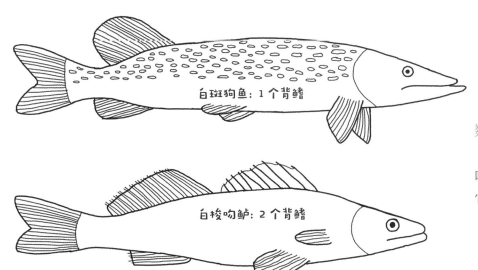

白斑狗鱼：1 个背鳍

白梭吻鲈：2 个背鳍

你可能会分不清白斑狗鱼和白梭吻鲈。不过只要数一数背鳍就能区分它们了。

眼见为实

如果想亲眼看看白斑狗鱼，你可以戴着呼吸管和潜水面镜潜入沟渠或者池塘近岸的水域。你如果细心观察的话，有时也可以从岸上看见白斑狗鱼。但一定要仔细看，因为它们经常一动不动。

小贴士：太阳镜可以有效消除水面的反光，帮助你发现白斑狗鱼。

被淹没的草地是白斑狗鱼理想的产卵场所。

速游健将

白斑狗鱼是出色的速游健将。特别是年轻的白斑狗鱼可以像箭一样向前射出，在一秒内游过大约是自身长度 12 倍的距离。但只有在情况十分紧急，或者捕食的时候，它们才会这样做。

鱼宝宝死亡率

幼年的白斑狗鱼天敌众多，大多数白斑狗鱼甚至活不过一周。它们可能死在蜻蜓幼虫、河鲈甚至其他白斑狗鱼的嘴里。只有约二十分之一的白斑狗鱼才能活到棘背鱼那么大。

远有水豚

大型啮齿类动物

上唇裂为两瓣
（啃咬更方便）

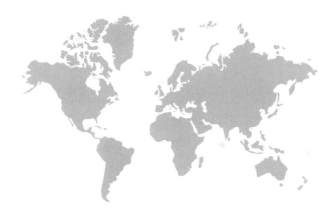

生活在南美
洲温暖潮湿
的地区

　　大约五分之二的哺乳动物都是啮齿类动物，种类数量达 2000 多种。它们非常擅长啃咬，因为它们长着十分特别的门齿，这种门齿可以终生生长。大多数啮齿类动物体形都很小，比如小家鼠。也有大一点儿的，比如大鼠和豚鼠。当然也有一些非常大的，比如水豚，你知道吗？这种南美洲的动物体重相当于 4000 只小家鼠的体重之和！

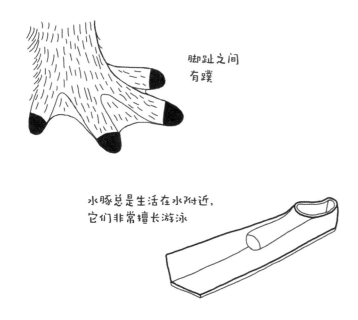

脚趾之间
有蹼

水豚总是生活在水附近，
它们非常擅长游泳

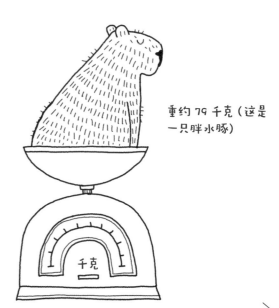

重约 79 千克（这是
一只胖水豚）

千克

近有欧亚河狸

潜水的时候
耳朵会合上

耳朵、眼睛和鼻孔
都很靠近头顶，高
度在一条水平线上。
因此，欧亚河狸下
水的时候，它的鼻
孔、眼睛和耳朵依
然能露出水面

大型啮齿类动物

巢鼠是全欧洲最小的啮齿类动物。而欧亚河狸是全欧洲最大的啮齿类动物。它的体重相当于 2500 只巢鼠体重的总和。好吧，跟水豚比它还是小一些，不过它可是啃咬大赛的冠军呢。它那凿子般的牙齿甚至可以把整棵树咬断，真是超级能咬的啮齿类动物！

橙色的牙齿

欧亚河狸的门齿前面是亮橙色的，背面则是白色的。橙色的部分十分坚硬，白色的部分则稍微软一些，因此白色部分更容易磨损，这有利于牙齿的前部保持锋利的状态。欧亚河狸每天都会啃木头，因此它的牙齿每个月都会磨损大约 2 厘米。但这不成问题，只需要一个月，磨损的部分就会再次长出来。

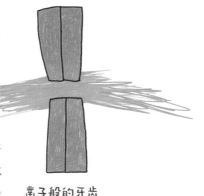

凿子般的牙齿

树皮和多汁植物

欧亚河狸虽然啃木头，但它并不吃木头。不过它挺喜欢吃树皮，尤其是树顶部细枝上的树皮。它特别喜欢柳树的树皮，也喜欢桦树和杨树的树皮。它一般会从树底部开始啃，一是因为它不会攀爬（也完全不会飞），二是因为它要用树干、树枝搭建巢穴。不过，它最爱吃的还是多汁的绿色植物。它会在春天和夏天享受鲜嫩多汁的植物，而树皮通常是它冬天的口粮。

纪录中最胖的河狸重达 45.5 千克。是不是比你还重呢？

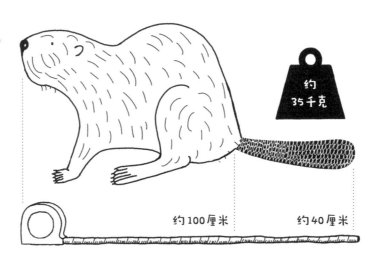

约 35 千克

约 100 厘米　　约 40 厘米

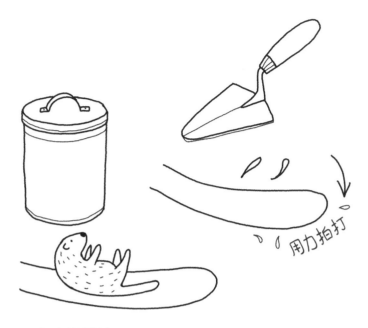

用力拍打

欧亚河狸的毛发非常浓密，甚至连水都无法渗入。通常你只能看到外层最长的毛发，它们是深棕色的。这些细密的毛发上总覆盖着一层油脂，可以有效地防水。在这些毛发里层还有一层灰色的毛，这些毛会一直保持干燥，因此欧亚河狸会感到非常舒适温暖。

秋季结束时，欧亚河狸的尾巴上有一半都是储存的脂肪。

多功能尾巴

如果要问欧亚河狸最特别的部位是哪里，那一定是尾巴。它们的尾巴宽大又扁平，而且几乎光秃秃的。这样奇怪的尾巴看起来似乎有些笨拙无用，但事实并非如此。让我们一起来看看欧亚河狸会用尾巴做什么吧。

作为储藏室：
为了过冬储存脂肪。

作为报警装置：
遇到危险时，它会用尾巴奋力击水。

作为筑巢工具：
它会在筑巢时用尾巴涂抹泥浆。

作为孩子的床垫：
宝宝喝奶时就躺在妈妈的尾巴上。

作为空调：
它在大热天坐在河岸上时，会把尾巴放在水里。

手和脚

欧亚河狸有双灵巧的"手"，它可以用这双手紧紧抓住树枝和树干。手上还有长长的指甲，可以用于挖掘。它的脚更加粗壮，趾间有蹼。第二个脚趾上有一个裂开的指甲。这并不是由于意外受伤造成的，而是天生的：欧亚河狸用它来梳理皮毛。

脚（后肢）
- 梳毛
- 游泳

欧亚河狸每天会花费大量的时间清洁和梳理皮毛，并且给皮毛涂油脂。

手（前肢）
- 挖掘
- 抓握

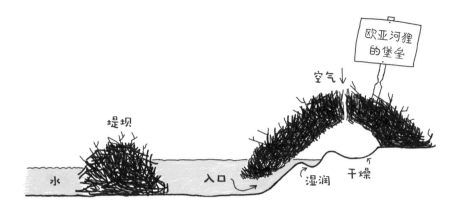

欧亚河狸
的堡垒

空气 ↓

堤坝

水

入口

湿润

干燥

水下的门

欧亚河狸喜欢在水边筑巢。它们会在巢顶上堆积一大堆树枝，这些树枝可以使巢穴更加坚固，并使之成为一个真正的堡垒。巢穴的入口在水下，这样的入口既可以让欧亚河狸自由进出，又能阻挡熊和狼的入侵。虽然熊和狼在荷兰所剩无几，但为了保险起见，欧亚河狸还是会这样建造堡垒。在部分地区，水位会随着季节发生变化。欧亚河狸可不喜欢这种变化，这会让它的巢穴入口暴露在干燥的环境中。为了解决这个问题，欧亚河狸在这些地方建起了堤坝，这些堤坝围成了一个可以蓄水的水库，这样就可以使入口始终保持在水下。在荷兰，这种堤坝并不常见。这并不是因为荷兰的欧亚河狸不会建造堤坝，而是因为荷兰水位稳定，根本就没有建造堤坝的必要。

欧亚河狸的幼崽会在两岁时独立并离开家，有些会在安家前走很远的路。

忠诚

当河狸爸爸和河狸妈妈在一起并有了自己的小家之后，它们通常会厮守终生。

冰箱里的储备粮

欧亚河狸不会冬眠，所以它们需要为过冬做好充分的准备，储备足够的食物，其中也包括作为一部分储备粮的尾巴上的脂肪。此外，它们还会在水下储存鲜嫩的树枝。它们把这些树枝放在河底，这样树枝就不会漂走，而且上面的树皮还能在整个冬天都保持新鲜。欧亚河狸并不是很在意河水是否会结冰，因为它的巢穴出口在水下，它只需从自己的堡垒潜入"冰箱"取食即可。

童工

欧亚河狸一家子生活在一起。它们的家庭成员有丈夫、妻子、今年新出生的宝宝和去年出生的哥哥姐姐。每只有能力做家务事的河狸都要帮忙干活。妈妈和年龄较大的孩子会参加堡垒的维护工作，而爸爸也会照顾小宝宝。

超级宝宝

大多数啮齿类动物刚出生的宝宝都是光秃秃的小瞎子，但欧亚河狸的宝宝并不是这样。宝宝出生后，河狸妈妈只需要把它们舔干，这些毛茸茸的小家伙就能睁开明亮的小圆眼睛。它们从出生第一天起就会走路了，甚至还会游泳。简直是超级宝宝！

交配和产崽

欧亚河狸夫妇在水下交配，它们交配时会把腹部贴在一起。如果交配成功，那么大约3个半月后就会有2~4只幼崽出生。每只幼崽约重500克。

十分明显：
这是欧亚河狸
的杰作。

海狸香 [1]

欧亚河狸的肛门附近有个腺体，能分泌出有香味的物质。有了这个，它就可以用粪便给其他欧亚河狸传递信息。这些信息通常十分简单，例如"我在这里"或者"我在找老婆"。人们曾经把这种叫"海狸香"的分泌物当作一种价值不菲的药物。这并非完全是无稽之谈，因为柳树皮中（欧亚河狸非常喜欢吃柳树皮）含有和阿司匹林成分一样的物质。所以这些东西也许真的可以治疗头痛。但不管怎么说，还是阿司匹林效果更好。

去野外观赏河狸

夏天的傍晚是去野外观赏欧亚河狸的最佳时机，最好的地方是比斯包士 [2]，划艇是非常棒的交通工具，当然比斯包士的护林员组织野外观光时驾驶的电动船也是不错的选择。你以为这样就一定能看到欧亚河狸了吗？不一定哦，因为它们是种爱害羞的小动物。

不吃肉，但吃鱼

以前，教会会在一些特定的日子禁止吃肉，却不会禁止吃鱼。欧亚河狸会游泳，尾巴上又有鳞片。当时的人们认为它是一种鱼，所以在那些禁止吃肉的日子里，人们可以吃河狸肉三明治。

寻找踪迹

说起喜欢留下明显痕迹的动物，那肯定少不了欧亚河狸。无论是从侧面被咬断的树枝，地上的木屑，被啃成沙漏形状的树干，还是被咬成锥形的树桩，都是欧亚河狸留下的痕迹。有时你还会看见它们漂浮在水中的黄褐色粪便，形状就像小香肠一样。它们的足迹比较难找，因为会被拖在身后的大尾巴擦掉。

[1] 海狸香是指捕杀海狸切取香腺，经干燥取出呈褐色树脂状的分泌物。海狸这个名称是不确切的，因为这种动物并不生长在大海中，而是生长在河流里，所以现在海狸的学名已改为河狸了，但香料界里还是习惯叫"海狸香"而不是"河狸香"。
[2] 比斯包士，是荷兰的一个既有河流又有陆地的大型自然保护区。

假冒河狸

　　有两种啮齿类动物也经常在水中游泳，它们就是麝鼠和海狸鼠，你可能会把它们和欧亚河狸混淆。它们都来自美洲，因为毛皮适合制成皮草大衣和衣领，所以它们被带到了欧洲。这两种动物都很好地融入了欧洲的环境，尤其是麝鼠。它们最明显的区别在哪里呢？在于它们的尾巴和体形。

欧亚河狸

- 身体：70~100 厘米
- 尾巴：25~37 厘米
- 扁平的尾巴，宽面与地面平行

海狸鼠

- 身体：42~65 厘米
- 尾巴：30~45 厘米
- 像大鼠一样，尾巴横截面为圆形

麝鼠

- 身体：25~35 厘米
- 尾巴：20~25 厘米
- 扁平的尾巴，宽面与地面垂直

欧亚河狸属于松鼠亚目，海狸鼠属于豪猪亚目。因此它们并不是近亲。

老河狸

　　如果没有发生意外或者生病，欧亚河狸通常可以活到 10 岁。虽然荷兰没有威胁它们生命的熊，但这里有汽车，因此可能会发生车祸。在理想的情况下，欧亚河狸甚至能活到 17 岁。比起小家鼠和大鼠，它可算是相当长寿了。

消失后再次归来

　　大约 6000 年前，几乎没有人类居住在荷兰。但是欧亚河狸一直住在这里。它们几乎无处不在，是这里最常见的动物之一。所以最早的荷兰人穿的不是熊皮大衣，而是河狸皮制成的衣服。但是随着人类数量的增加，欧亚河狸的数量却不断减少。1826 年，上艾瑟尔省扎克小村的一位渔夫用桨击中了一只欧亚河狸的头并杀死了它，那是荷兰最后一只欧亚河狸。

　　直到 1988 年，当时，世界自然基金会和荷兰国家森林管理局认为欧亚河狸必须回到荷兰。因此人们从德国带来了欧亚河狸，并在比斯包士放生，后来人们又把它们放生到了其他潮湿的自然区域。当然，它们自己也能找到适宜居住的地方。现在，这些大块头的啮齿类动物已经完全回归了。

远有潘塔纳尔

潘塔纳尔湿地位于山丘环绕的平原上。在雨季，这里的大部分地区都会被洪水淹没

太湿啦！

美丽的湿地

猫科动物都害怕水？美洲豹就不害怕

潘塔纳尔湿地位于南美洲，在巴西、玻利维亚和巴拉圭三个国家的交界处

在南美洲的中心地带，巴西、巴拉圭和玻利维亚的边境上，有一个大型自然保护区。在这里，陆地散布在水域之间。这片区域被称为潘塔纳尔湿地。

在这里，每年上半年都很潮湿，到处都是湖泊、沼泽和蜿蜒的河流。而下半年会变得更加潮湿，大部分区域都会被水淹没。这种每年都会发生的洪水并不是一场灾难，而是大自然巧妙的安排。在旱季，陆生动物会获得更多的生存空间。而到了雨季，鱼、水鸟和水生昆虫就会在被水淹没的陆地上游泳。潘塔纳尔湿地的许多动物既能在陆地上生活，也能在水中生活。比如凯门鳄（一种小型鳄鱼）、水蚺（rán，一种巨大的蛇），甚至美洲豹都很擅长游泳，而且经常游泳。因此，潘塔纳尔是一个乘船可以进行自然观光的理想胜地。如果幸运的话，你还能在水边看到亮蓝色的紫蓝金刚鹦鹉，黑色和黄色相间的黄腹酋长鸟，还有体形巨大的裸颈鹳。

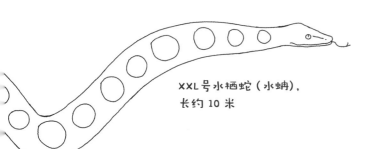

XXL 号水栖蛇（水蚺），
长约 10 米

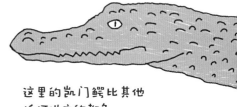

这里的凯门鳄比其他
任何地方的都多

近有比斯包士

在兰斯台德[1]位于南荷兰省和北布拉班特省的边界的地方，有一个大型自然保护区，那里也有陆地和水域。那个地方叫作比斯包士。

这里的水来自两条大河：默兹河和瓦尔河。这些河流水位上涨的时候，比斯包士地区就会更加湿润。但即便在河流水位降低的时候，这里也到处都是蜿蜒流淌的小溪。最浅的小溪每天干涸两次，它像海水一样有潮汐现象。但不同的是，比斯包士的水是淡水。这一点很特别，因为有潮汐现象的河流比较少见。在比斯包士的陆地上，你还可以见到欧洲野兔和西方狍这样的陆生动物。陆生动物不一定是旱鸭子，这里的大多数陆生动物都能游泳，而且游得很好。但生活在这里的主要还是水生动物，包括鱼类、青蛙和水生昆虫。不少动物在陆地上和水中都能很好地生存，比如欧亚河狸——欧洲最大的啮齿类动物，还有水鼩、天鹅、鸭子、鹭等。因此，比斯包士是一个乘划艇观光的胜地。

想象一下那个画面，你坐在游艇上，水边的树枝上蓝绿色的翠鸟在唱歌，黑黄相间的金黄鹂正瞪着圆圆的眼睛看你，还有体形巨大的掠食者——白尾海雕，不时掠过水面。

[1] 兰斯台德是荷兰的组合城市，包括该国最大的 4 座城市（阿姆斯特丹、鹿特丹、海牙和乌得勒支）及其周围地区。

两栖鼠

水䶄是加大版和两栖动物版的普通田鼠。它也有可爱的圆鼻子、短短的耳朵和毛茸茸的尾巴。水䶄通常在河岸边建造巢穴。它既能在水中生活，又能在陆地上生存。比斯包士对它来说正是一个理想的住所。一般来说，人类不喜欢任何和"鼠"扯上关系的动物，但是在英国，水䶄意外地大受欢迎。不仅大自然爱好者喜欢水䶄，童书作家也喜欢水䶄。在《柳林风声》[1]这本书中，水䶄Ratty还担任过角色呢。

2006年，第一次有白尾海雕在东法尔德斯普拉森出现。6年后，已经发现有4个白尾海雕的家庭也出现在了比斯包士。

最大的蜘蛛

比斯包士还生活着荷兰最大的**蜘蛛——植狡蛛**。这种蜘蛛张开腿后的跨度足有7厘米。它能在有这么多水的环境中生活吗？当然啦，强壮的植狡蛛甚至可以在水上爬行！而且它的腿是防水的。它通常会把几条腿放在岸上，其余的放在水面上。一旦有昆虫落入水中，它就可以立即察觉到水面微小的波动，然后迅速地爬过去。当然，它可不是为了拯救那个可怜的溺水者……

水和天空

当你看到一只飞翔的蜻蜓，你一定不会认为它是一种水生动物。但事实上，它在幼虫阶段，也就是生命中的大部分时间，都生活在水下。从近处看，**蜻蜓幼虫**看起来像个小怪兽。对于蝌蚪和其他小型水生动物来说，它就是个怪兽。等长得足够大了，它会沿着芦苇茎向上爬，蜕皮后它就变成了你熟知的蜻蜓的样子，有4个透明的翅膀和长长的腹部，而且它还会在空中捕食蚊蝇和其他昆虫。

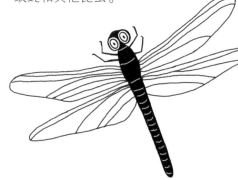

小龙虾原产地在美国。但它很适应在荷兰的生活，当然也包括在比斯包士生活。普通鸬鹚和凤头䴙䴘很喜欢（吃）这位美味的客人。

---

[1]《柳林风声》是英国小说家肯尼思·格雷厄姆的代表作，也是经典的儿童文学作品，出版于1908年。

蝙蝠经常在夜间捕杀飞行的昆虫。水鼠耳蝠最喜欢在水面上方捕食昆虫。

会飞的珠宝

普通翠鸟就像是会飞的珠宝。它有漂亮的橙色胸部，蓝色的头部和翅膀，还有翠蓝色的背部，身上还有亮色的斑点，看起来仿佛会闪光一般。普通翠鸟喜欢在陡峭的河岸上，用喙掘洞为巢。然而比斯包士没有那么多陡峭的河岸，于是它们就选择在倒下的柳树或杨树上筑巢。翠鸟通常守在水面上方的树枝上，随时准备捕鱼。看到猎物时，它会像一支长矛一样迅速扎进水中。

带刺的宝宝食品

没有毛毛虫，就没有蝴蝶。没有植物，就没有毛毛虫。毛毛虫仿佛是每日运转不停的食品工厂：啃叶子、咀嚼、吞咽、消化、排便和生长，直到化茧成蝶。变成蝴蝶后，它们顶多就是从花中啜饮一些花蜜，此时的主要任务变成寻找伴侣并交配。对于雌性来说还有个任务，那就是产卵。它们会把卵产在毛毛虫喜欢吃的植物上。**蝴蝶幼虫就像人类婴儿一样很挑食**，比如孔雀蛱蝶的毛毛虫就只吃荨麻的叶子，它们显然不担心会被荨麻刺伤。比斯包士有很多荨麻，这里简直就是孔雀蛱蝶的天堂。

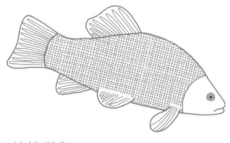

性情温和

丁鱥（guì）是一种性情温和的鱼。这种深绿色的鱼有着小小的橙色眼睛，看起来就非常温顺。但是，到了夏天它们会变得非常好动。此时雌鱼会在水生植物上产卵，雄鱼则使卵受精，有时它们甚至会跳出水面，也许它们是想做点疯狂的事。不过这种能跳半米高的鱼的确令人印象深刻。这种鱼在其他时间都很低调，喜欢在水底觅食。尤其是在冬天，你肯定见不到这种鱼，因为它已经深深地钻入了泥中。

根田鼠荷兰亚种仅分布于胡克斯赫瓦德、南荷兰群岛和比斯包士。

潜水艇

普通鸬鹚能够潜入深水中，因为它致密的羽毛之间几乎没有任何空气。它游泳后必须把自己的翅膀晾干。为了晾干翅膀，它会把双翼大大展开，这个景象你在很远的地方就可以看到。它的体重虽然很重，但是它格外擅长潜水和捕鱼。

从大苇莺这个名字，你就能得知它生活在芦苇丛中。它的歌声听起来像连续不断的"嘎，嘎，吉——"。

奇怪的鸟

白琵鹭是最奇怪的鸟类之一。它的喙看起来像一把长柄勺，或者说像扣在一起的两把长柄勺。当然它身体上的其他部分还是很优雅的：亮白略微偏黄的羽毛，脖子上还长着有趣的"碎发"，一对黑色优雅的细长腿。它一边迈着双腿在浅水中行走，一边将喙张开伸入水中不停搅动。白琵鹭喙末端的"勺子"非常灵敏，一旦感觉到了鱼或虾，它就会立刻合上嘴。

扬声器

沿着水边走，你经常能看到湿地水洼里的**绿蛙**。如果水面上有浮萍，想看到它们就有些困难了。但在春天，你可以轻松地循着声音找到雄蛙。它的一对外声囊简直像风箱一样！这对气囊不断鼓动，像扬声器似的。一旦其中一只绿蛙开始叫了，剩下的绿蛙很快也会跟着叫起来。我们在 500 米之外就能听到雄蛙合唱团的演唱。不过它们当然不是为我们而唱，而是为雌蛙演唱。

在看到金黄鹂之前，你会先听到它那独特的歌声。它的歌声很美妙，除此之外，它那身亮黄色和黑色的羽毛套装也很漂亮。

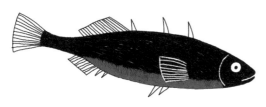

水下红襟鸟[1]

有种生物会在春天来比斯包士筑巢。你可能以为我说的是一种候鸟。不，我要说的是一种洄（huí）游鱼类，一种体形偏小但非常勇敢的鱼——棘背鱼。有些鱼一生都待在小河沟里，但比斯包士的棘背鱼不是这样，它会在秋天游向大海，春天再长途跋涉归来。如果一条雄鱼历经路途中的重重危险最终幸运归来，那么它会去寻找一个合适的浅水区，并用那里的水生植物筑巢。它会用它的巢、舞蹈和鲜红的腹部吸引雌鱼。雌鱼和雄鱼交配后产卵。之后雌鱼就会游走，而雄鱼负责孵卵。

大约有150只欧亚河狸住在比斯包士。而在30年前，这个数字还是零。

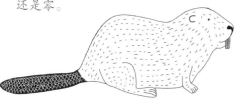

[1] 红襟鸟又称欧亚鸲(qú)，属鹟(wēng)科鸟类。小型鸣禽，分布于欧洲、亚洲西部和非洲北部。这里把棘背鱼比作水下红襟鸟，是因为它们都有迁徙的习性和红色的腹部。

假芦苇

大麻鳽住在比斯包士，但你轻易看不到这种鸟。这种胖胖的鳽生性害羞，而且善于伪装。它经常在芦苇丛中捕食鱼、青蛙和老鼠。但它一旦看到乘坐划艇观光的人类，就会立刻摆出这个姿势：身体保持一动不动，把喙直立起来朝向天空。这时它身上和颈上的棕黄色条纹看起来几乎和周围的芦苇茎一模一样，所以能找到它的人都有一双火眼金睛。

大杜鹃会悄悄地把自己的蛋产到其他鸟类的巢穴中。而大杜鹃幼鸟则会把自己寄养的这个家庭的"兄弟姐妹"挤出巢外！而忙着喂养孩子的养父母，却根本没有注意到这个家伙的小动作。

钳子

鹗（è）是一种候鸟。它在冬天飞往非洲，到了繁殖季节又飞往芬兰、波兰、德国等地。途中经过的比斯包士对它来说是一家不错的路边餐厅，它可以在这里吃点鱼，顺便休息一下。直到2016年，一对鹗情侣偶然发现这里其实也是个安家立业的好地方，于是它们就开始在这里繁衍生息，鹗从此成为了正式的荷兰国民。注意，鹗的别名叫鱼鹰，但它并不是鹰，而是一种隼（sǔn）。它的脚爪很特别，脚掌粗糙如刺，最靠外的趾可以向后转动，这样就有两个爪趾指向后方，另外两个爪趾指向前方，仿佛两把钳子！它可以用这两把钳子抓住又大又滑的鱼。

远有金雕

看起来像
手指一样

强壮的
足趾

非常锐利
的爪

大型猛禽

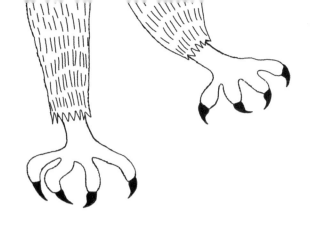

金雕分布在整个北半球偏远的岩石区域

许多人不知道风还会向上吹，但金雕太了解这一点啦。它会在风向上吹时展开宽阔的双翼，呈螺旋状向上盘旋，然后再逐渐滑翔降落。在做这一系列动作时，它甚至都不用扇动翅膀。与此同时，它会从高处眺望，寻找土拨鼠或其他猎物的身影。一旦有所发现，它便会迅速降落并抓住猎物。这样的景象在电视上经常可以看到。

金雕从天而降时速度极快，时速可达300千米，如果它是人类的话，这个速度足以让它失去自己的驾驶执照。

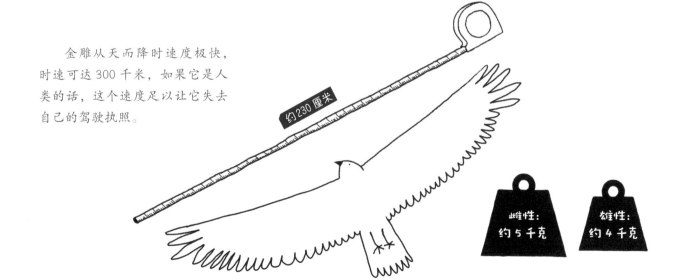

约230厘米

雌性：约5千克

雄性：约4千克

近有普通鵟

敏锐的
眼睛

锐利的喙

长而宽阔的羽
翼(善于滑翔)

锐利的爪

大型猛禽

在阳光明媚的日子里，有时你可能会听到天空中传来"喵喵"的声音。此时如果抬头，你可不会看到一只猫，而会看到一只猛禽——普通鵟。你很难估计出它的大小，但它那宽阔的翅膀和看起来像手指一样粗的羽毛都令人印象深刻，它看上去似乎还和雕有些相似。事实上，普通鵟是雕的小表弟。它也可以像雕那样盘旋滑翔，而且它还会很多其他的技能。

约130厘米

雌性：
780~1360克

雄性：
620~1180克

雌性普通鵟比雄性
普通鵟重一些。这对于
猛禽来说很常见。

全能型

虽然普通鵟掌握的技能不少，但如果论单项技能，比如飞行速度、技巧，它都算不上冠军。游隼飞得更快，红隼更善于在空中振翅悬停，雀鹰是滑翔的行家，白尾海雕则更强壮。但普通鵟特别擅长在各种技术间切换。而且它和其他动物一样，希望尽可能费最少的力气，获取最多的食物。如果能栖息在高处等待猎物，它就不会费劲飞翔。如果地上有很多虫子，它就会走着捕食。

田鼠及其他

普通鵟喜欢吃田鼠，但它可不挑食，青蛙、蠕虫、蜥蜴、凤头麦鸡雏鸟，金龟子和它能抓到的其他动物，都是它心爱的美食。它也不会嫌弃一只生病的兔子或是一只死去的刺猬。

普通田鼠是一种
尾巴较短的鼠，
这种鼠在草原上
十分常见

手指

　　普通鵟翅膀外缘部分的羽毛前端较窄。所以当它展开双翼时，这些羽毛看起来就像人类的手指一样。这种形状能使空气沿着羽毛顺畅地流动。

喵 喵～

令人困惑的毛色

　　判断一只鸟是不是猛禽很容易，但要确认它属于哪个物种就比较困难了。如果想辨认出普通鵟就更难了，因为它们的羽毛颜色非常多样。当然你也可以根据它的行为作出判断。如果电线杆上停着一只很大的猛禽，那它很可能是一只普通鵟。当普通鵟滑翔时，你可以通过它那长而宽阔的翅膀和短短的尾巴认出它来。普通鵟的翼展比身长还长，它经常在天空中盘旋。如果你还听到它喵喵叫，那就可以确定这是一只普通鵟了。

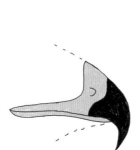

喙

　　正如其他猛禽一样，普通鵟有一个钩状的喙：上喙弯曲，包住较短的下喙。喙的前端很尖锐，两侧也很锋利。普通鵟的喙是一个危险的武器，但它捕食的大多数动物并不是死于它的喙，而是死于它的爪下。因为普通鵟主要把喙作为餐具，用来撕裂和切割食物。

多种毛色

　　普通鵟的标准毛色是巧克力棕色，但不同的普通鵟毛色也会有所区别。甚至来自同一个家庭的普通鵟有时毛色也会截然不同，从近乎白色到近乎黑色之间各不相同。

生蛋

　　雌性普通鵟会在 4 月中旬前后生蛋。它每 2~4 天产一枚蛋，通常共产下三四枚蛋。普通鵟的蛋不像鸡蛋那样颜色均匀，它的蛋壳是灰白色的，上面有褐色斑点。

绑架

　　一位生物学家曾经在德国的上卢萨蒂亚见过一个白尾海雕的巢穴。巢穴里有白尾海雕幼鸟，这没什么好奇怪的，奇怪的是里面还有一只普通鵟的幼鸟。这只幼鸟非常健康，胖乎乎的，这是怎么回事？生物学家最终作出这样一种假设：这只幼鸟应该是被白尾海雕养父母从普通鵟的巢穴中抢来，准备作为食物喂给自己孩子吃的。这是动物的狩猎本能：能抓什么，就抓什么。但是还活着的普通鵟幼鸟被放在绑匪的巢穴之后，白尾海雕的母性本能战胜了狩猎本能，因此猎物变成了养子。

孵蛋

　　只有保持蛋暖乎乎的，幼鸟才能从蛋中孵化出来，这条原则适用于所有鸟。大多数鸟每天或每隔两天产一枚蛋，生蛋结束后才会孵蛋，直到幼鸟出生为止。所以来自同一窝的所有小鸭子或小乌鸫（dōng）都差不多大。普通鵟也是如此。大约 34 天后，第一只幼鸟破壳而出。大约一周过后，最后一只幼鸟也出生了。

落后

　　普通鵟幼鸟一出生就有绒毛并且能睁开眼睛，当然，还有一个大嘴巴！为了喂饱嗷嗷待哺的孩子们，通常爸爸会出去捕猎，妈妈则会先把猎物撕成碎片，再喂给饥饿的宝宝们。孩子们长得很快，但最后出生的那只幼鸟显然落后于其他兄弟姐妹，而且这种劣势会一直保持下去，因为最大的幼鸟往往叫得更响亮，吃到的食物也就更多。只有在食物非常充足的情况下，最小的幼鸟才能活下来。

育雏时，一对普通鵟父母每天要带大约 25 只田鼠给巢里的幼鸟吃。

树杈上的巢

　　普通鵟会在森林里的大树高处寻找一处结实的树杈，然后在那里筑起大大的巢。它们最喜欢在松树或落叶松上筑巢，但在那些松树很少的地方，比如弗莱福兰，它们也不介意在杨树上筑巢。普通鵟经常会造出好几个巢，再从中选出最适合孵蛋的一个。

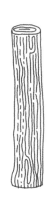

普通鵟

欧洲蜂鹰

毛脚鵟

草原和森林

普通鵟喜欢在开阔的地方捕猎，比如视野开阔的草原。它也喜欢停在电线杆上面。但在繁殖期间，它只会选择森林。通常来说一小片森林就足够了，只要那里有大树就行。

冬天，许多普通鵟会从瑞典及其周边国家飞到荷兰。

恶霸

有时，一群乌鸦会在空中合伙欺负一只普通鵟。乌鸦比普通鵟更擅长转弯。有时它们甚至会拉扯普通鵟翅膀上的羽毛。

相似生物

在荷兰，全年都可以看到普通鵟。到了冬天，它们住在北方的表兄毛脚鵟就会来做客。毛脚鵟夏天在斯堪的纳维亚捕食旅鼠，冬天则会飞到荷兰的瓦登海附近生活。它的足部覆盖着羽毛，这是一种"保暖袜套"。每到夏天，毛脚鵟就会再次回到北方，而欧洲蜂鹰则会从非洲飞回荷兰。欧洲蜂鹰和普通鵟很容易混淆。不过在近处就可以看出，欧洲蜂鹰的眼睛是亮黄色的，而普通鵟的眼睛却是棕色的。欧洲蜂鹰有时会抢劫蜂巢，它比普通鵟身形要纤细一些。

敏锐的眼神

普通鵟的视力和雕一样非常好，它在高空就可以看见地里的田鼠。成年普通鵟的眼睛是深棕色的，而幼鸟则有着浅灰色的虹膜，这使得它的黑色瞳孔更加明显。

亲眼看看

一只猛禽绝对不会允许你离它太近。虽然接近普通鵟比接近其他猛禽容易一些，但难度依然不小。如果想好好观察普通鵟，你需要准备一个双筒望远镜。多留意开阔地带的高处，看看空中是否有普通鵟在滑翔。城市中有时也能看到普通鵟，当你坐在车上偶然抬头，或许就能看见它们，因为它们经常停歇在高速公路边的电线杆上。

数量显著增长

现在，几乎所有人都认为猛禽是美丽的，这与过去的情况非常不同。即便是半个世纪以前，猎人还会因为捕杀猛禽而获得津贴。当津贴政策停止后，人类又发明了杀虫剂。杀虫剂不仅杀死了昆虫，也毒害了猛禽。特别是它们的蛋：杀虫剂中的物质会使得蛋壳变薄。现在政府禁止狩猎普通鵟，也禁止使用杀伤力过强的杀虫剂。这些举措已经取得了显著的成效：如今，荷兰普通鵟的数量远远超过了几十年前。

好消息，坏消息

长期以来，红隼都是荷兰最常见的猛禽。但是大约从 20 年前开始，普通鵟就拿下了这个冠军的头衔。这主要是因为普通鵟的生活环境更好了，同时也因为红隼的数量下降了……

急救

如果你遇到了一只受伤的普通鵟，请离它远一点，然后再打电话叫动物救护车来。你虽然是好心想帮它，但那只普通鵟可不知道这一点。它即使看起来半死不活，也说不定能以闪电般的速度飞起。如果被它锋利的爪划伤手臂可不是什么好玩的事情。万一划伤了你的眼睛，那就更糟糕了！

秘密武器：像弹弓一样的长舌头（和身体的其余部分一样长）

会魔法的生命

足部像夹子一样
（连在一起的足趾^[1]）

[1] 变色龙的前后肢均有5足趾，分为相对2组，前肢内侧3趾愈合，外侧2趾愈合在一起，可相互握持。后肢相反，内侧2趾和外侧3趾各自愈合，并相对持，这使得它更擅长在树上攀爬。

还有变色龙

世界上大约有 160 种变色龙，其中大多数生活在马达加斯加岛上。变色龙分布在图中的绿色区域

如果在阳光下躺上几个小时的话，你也可以变色。变色龙变色可不需要那么长的时间。这种行动迟缓的蜥蜴，可以在几秒钟内改变皮肤的颜色。科学界对变色龙颜色改变的原理还存在争议，主流一些的解释是：它的皮肤正面有一种纳米晶体，就像屏幕上的像素点一样，它通过控制这些晶体点的大小来改变皮肤的颜色。比如说，如果绿色的晶体点变大，它的皮肤就会变成绿色。这种神奇的小动物简直掌握了近乎完美的伪装技巧，它甚至可以变成混合色。

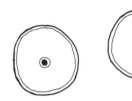

变色龙的两只眼睛可以同时朝不同的方向转动

变色龙有时也会故意变成醒目的颜色，来向对方传达信息，比如愤怒或爱慕。

近有乌贼

会魔法的生命

形状奇特的瞳孔

身上的条纹会动（这里看不出来，不过你可以在现实中或者电影里看见）

头足纲动物既可以生活在阳光充足的浅海，也可以生活在黑暗无光的深海（比如乌贼）。即便是荷兰附近的北海，也有它们的身影出没。春天，乌贼会来到泽兰的海湾，东斯海尔德。它们在那里交配并繁衍子嗣。很多人会在这段时间去那里潜水，因为交配中的乌贼会带来一场华丽的表演。虽然它们是为了心爱的伴侣而表演的，不过人类也可以趁机欣赏。它们一边跳交配舞，一边迅速变色。比变色龙还厉害呢！

无声杀手

乌贼是个沉默的杀手。它非常善于伪装，因为它可以改变身上的颜色和图案。白天它常常躺在水底的沙子上，背上盖着一层沙做的"壁纸"。到了夜晚，它会安静地游来游去，并埋伏在鱼或螃蟹身后。一旦猎物进入捕猎范围，它那两条长长的触腕就会瞬间弹射出来，速度极快，就像变色龙的舌头一样。猎物会被乌贼触腕上的吸盘紧紧吸住，并被拽进乌贼的口中。你一定想不到，乌贼口中还有一对类似鹦鹉喙状的颚片，一个位于背侧，一个位于腹部。乌贼能用这种尖锐而弯曲的颚片把猎物切成碎片。

10 条腕

很多人以为乌贼有 8 条长着吸盘的触腕。其实那是章鱼，章鱼确实有 8 条触腕，但乌贼不一样。乌贼有 10 条触腕，其中 8 条很短，2 条很长。乌贼用 2 条长腕捕抓猎物，不过大多数时间它都把这 2 条长腕收在体侧，所以你才会误以为它只有 8 条触腕，但它其实有 10 条哦。

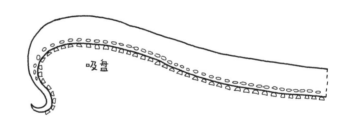

吸盘

触腕受损了？或者被螃蟹夹断了？
没关系，还会长出新的来。

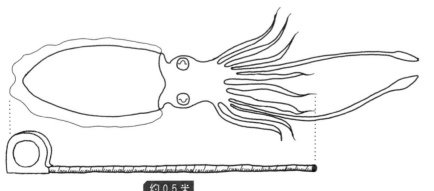

约0.5 米

你能看到 8 条触腕，还有 2 条长的被收起来了！所以总共有 10 条触腕

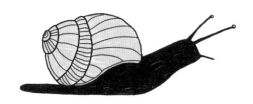

不是鱼

正如海豹不是豹一样，有着"墨鱼"别名的乌贼也不是鱼。它和鱼类没有任何关系，却和蜗牛、牡蛎是亲戚，因为它们都属于软体动物。没想到吧？

柔软

软体动物有着柔软的身体，但有些软体动物也有坚硬的外壳。

火箭

乌贼有两种游泳方法。一种方法比较和缓：它会晃动身体四周的肉鳍，从而精确控制方向。稍微前进一点，或者稍微后退一点，向左转身，或者向后转个弯。乌贼一般会用这种游泳方法悄悄靠近猎物。但它还有更迅速的方法：乌贼的触腕下面有一根管，当它收缩身体时，会通过管子喷射出一股海水，这股水流能使乌贼的身体像火箭一样喷射出去。就好像你用嘴吹气球的时候，突然松开，气球会从你嘴边弹飞那样。乌贼的那根管堪称喷射型推进器，在紧急情况下，它会使用这一招溜走。

天敌

乌贼是猎手，但同时也是很多生物的猎物。特别是幼年时期的乌贼，是各种鱼类和海鸟的盘中餐。较大的乌贼则可能被海豹、鼠海豚和欧洲康吉鳗捕食。北海里也有鲨鱼居住，它们也爱吃乌贼。这些鲨鱼并不会威胁到人类的安全，但对乌贼来说却有着致命的危险。

你最有可能看到乌贼的地方就是海鲜市场。

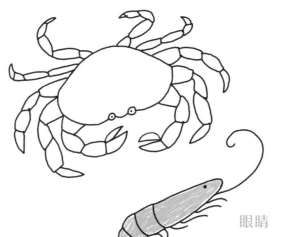

猎手

乌贼捕食各种海洋动物，包括鱼和虾，但主要吃螃蟹。

眼睛

乌贼的瞳孔不像人类瞳孔那样圆圆的，也不像猫的瞳孔那样可以眯成一条窄缝。乌贼的瞳孔是一种非常奇特的形状，好像弯弯曲曲的字母 w。在光线较强的环境中，这个 w 还会变细。而在较暗的环境中，这个 w 又会变粗。乌贼的大眼睛视力很不错，它们是真正的视觉动物。

雄乌贼

雄乌贼和雌乌贼几乎没有区别，除了雄性的右起第四条触腕有些特殊。这条触腕是扁平的，上面吸盘较少，还有醒目的图案，和其他的触腕明显不同。你可能已经猜到了：那是雄乌贼的生殖器，当它向其他乌贼挥动这条触腕时，其他雄乌贼会被激怒或是感到害怕，而雌乌贼则会感到害羞——这是一个好兆头，因为如果雌乌贼不中意这只雄乌贼，它会直接游走。

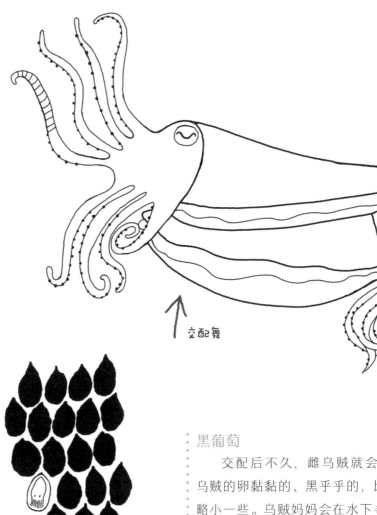
交配舞

迪斯科表演秀

每年5月，乌贼会从北海游到东斯海尔德。此时的雌乌贼会寻找一个产卵的好地方，雄乌贼则会来回游走，相互争斗。如果一对雌雄乌贼相中了彼此，它们会做些非常温柔可爱的事情。尤其是雄乌贼的表演，非常精彩。在表演时，它的背上会出现漂亮的条纹图案。这些条纹会不断闪烁，并在乌贼身上滚动，仿佛魔术一般。雌乌贼也会欣赏这些美丽的条纹。然后它们会把触腕交叠在一起，看起来好像合十祈祷的双手一样。

条纹

乌贼妈妈会把自己的墨汁喷到卵上。不过如果墨汁用完了，没有喷上墨汁的卵就是透明的，你甚至可以从中看见里面的乌贼宝宝

黑葡萄

交配后不久，雌乌贼就会产卵。乌贼的卵黏黏的、黑乎乎的，比葡萄略小一些。乌贼妈妈会在水下寻找结实的物体，比如一丛海藻、一根锚链或者一根浮标绳，然后再把卵挨个粘在上面。这样就会形成一串卵链，有时上面的卵会超过250枚。大约一个月后，小乌贼们就相继出生了。但乌贼妈妈已经无法再照看它们了，因为在交配并把卵粘好之后，它就精疲力竭死去了。此外，大多数雄乌贼也会在交配季节过后死亡。乌贼一般能活到2岁，运气好的话能活到3岁。

聪明

与身体的其他部位相比，头足纲动物的大脑占据了身体的很大比例。因此在所有无脊椎动物中，最聪明的就是头足纲动物了。

聪明的大脑

沙和海水

海水、沙质海底和不太深的地方，都是乌贼喜欢的生活环境，比利时和荷兰附近的北海区域恰好符合这些要求，乌贼基本遍布荷兰近岸浅海区的各个地方。到了繁殖季节，它们就会前往东斯海尔德这样的海湾地区进行繁殖。

长着触手的花生

刚刚从卵中出生的小乌贼看起来特别可爱。这时它已经具备了完整的乌贼形状，却还没有花生的一半大。虽然个头很小，但它已经是个真正的小强盗了。它会捕食小鱼、小螃蟹和小虾。当然，很多小乌贼都会被掠食性鱼类吞噬。幸存的小乌贼在秋季会迁徙到更为开阔的海域，此时它们长到了约10厘米。一年半之后，它们长大了，便会洄游到自己出生的地方产卵并死去。

墨汁色

过去人们曾用乌贼的墨汁书写和绘画。这种墨汁不是黑色的，而是棕色的。

乌贼牌
墨汁

墨汁云

乌贼和其他头足纲动物一样有着特殊的逃脱技巧，就是逃跑时会喷出一大团墨汁。这是一种烟雾弹，更是分散敌人注意力的屏障。墨汁形成的"云团"又大又浓厚，可以藏住乌贼，乌贼就可以趁机迅速逃走。

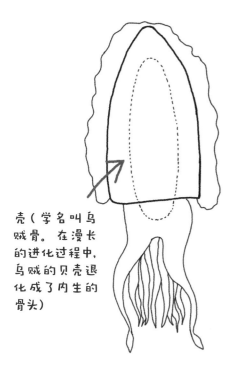

壳（学名叫乌贼骨。在漫长的进化过程中，乌贼的贝壳退化成了内生的骨头）

壳

乌贼的背部有一部分很坚硬。那是一块长在皮下的壳。它虽然坚硬，但并不重，因为里面有很多空气。乌贼通过控制里面空气的量，来改变身体浮力的大小，这样它就可以控制自己是沉到水底，还是漂浮在水中了。因此它并不是单纯地跟着水流漂荡。但当乌贼死后，肉体消亡，这块硬壳就会随着海水漂走，这种白色的壳经常会被冲到沙滩上。

人们经常把乌贼骨挂在鸟笼里，给鸟儿啄食。鸟儿们很喜欢这些东西，乌贼骨里的物质既可以防止鸟类的蛋壳过软，这样做也可以防止它们啄羽

鞭子

乌贼看起来根本不像猫，但它还有个"海猫"的名字，这是怎么来的呢？几个世纪以前，水手之间有一个粗暴的传统，如果他们当中有人不听话，或者做错了事，那这个人会挨上一顿暴打。船上通常放一条特制的鞭子，就是为了这种刑罚准备的：那是一根棍子，上面有9根绳子。这种刑罚的工具被称作"猫"。乌贼的体形与这种刑罚的工具非常相似，因此被称为"海猫"。当然，乌贼其实有10条触腕，不过粗糙的水手们显然并不在意这些细节。

嗷

亲眼看看

你可以在北海或者东斯海尔德看见乌贼，但如果你想在东斯海尔德潜到水下亲眼看看活着的乌贼，那你就必须要有潜水证书，因为在这里潜水是非常危险的。偶尔会有死去的乌贼被冲上海滩，但更多的时候你看到的会是黑色的乌贼卵，以及那些常见的白色乌贼骨。

从阿拉斯加的苔原
到墨西哥的沙漠，
郊狼分布在北美洲
大部分地区

　　北美洲的原住民印第安人一直很尊重郊狼，但之后无论是牛仔们、农民以及猎人都对它们毫无敬意。他们试图用枪、陷阱和毒药消灭郊狼，幸运的是并没有成功。这种看上去像野狗的犬科动物依然活跃在北美洲的许多地方。在那些经常被捕杀的地方，郊狼已经很少在白天出现了，而是越来越喜欢夜行了。郊狼的繁殖速度很快，成长速度也很快。它们还不挑食，所以能比较容易地找到食物。它们是非常聪明的幸存者。荷兰也有类似的动物吗？

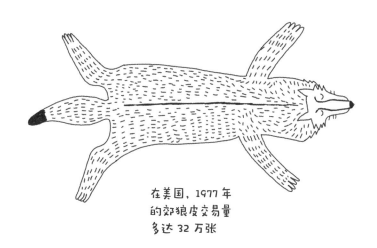

在美国，1977年
的郊狼皮交易量
多达32万张

近有赤狐

也吃水果

蓬松的尾巴
（里面有很多
毛，但也有
很多空气）

夜视能力
很好

湿乎乎的
黑色鼻头

尾尖白色，但
并非每一只赤
狐都是这样

"像狐狸一样狡猾"这句话足以体现人们对狐狸的印象。狡猾的意思是：诡计多端，不可信任。狐狸作为偷鸡贼和兔子杀手，给人类留下了糟糕的印象，它漂亮的外表并没有帮助它赢得人类的好感。几个世纪以来，狐狸一直被人类捕杀。但它们不仅没有被赶尽杀绝，反而日益兴旺！有的狐狸甚至在城市里安了家，它们会在夜晚捕食打盹的鸽子。鸽子在城市里非常常见，而且数量充足。由此可见，狐狸真的很聪明。

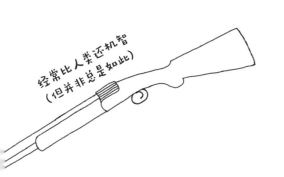

经常比人类还机智
（但并非总是如此）

转动

　　赤狐可以灵活地转动耳朵。如果听到了轻微的摩擦声，它就会把耳朵转向前方。赤狐还会用耳朵和它的同伴进行交流，类似于一种"手语"。比如耳朵平平地贴在脑后，就是一种不友好的动作。

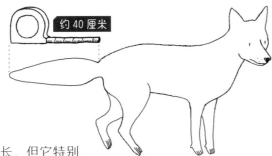

约 40 厘米

腿

　　赤狐的腿并不长，但它特别擅长跑步和跳跃。它的爪子坚硬而锋利，很擅长挖掘。它们的前腿侧面长着又长又硬的毛发，这些毛发的功能就像触须一样。有了它们，赤狐在黑暗中行走时也能保持敏锐的触觉。

　　在西班牙语（包括墨西哥地区）中，狐狸被称为"佐罗"[1]。

猫眼

　　白天光线很强，因此赤狐的瞳孔会变成一条窄缝，就像猫一样。在黑暗的环境中，赤狐的瞳孔会变宽变圆。即使在光线很差的情况下，赤狐也能看清楚东西，但它在这种环境中，更依赖自己的听觉、嗅觉和触觉。

长牙

　　像其他犬科动物一样，赤狐也有长长的犬齿。它用犬齿来杀死猎物。赤狐的门齿很小，但数量比人类的门齿多：上下各有 6 颗。它的白齿小而锋利，主要用来切割食物。

[1] 加州在 1850 年脱离西班牙的殖民统治加入美国联邦。在此之前，最后一任总督拉弗尔用高压独裁统治对付当地百姓，民众苦不堪言。贵族狄亚戈用蒙面侠的身份挺身而出对抗暴政，"佐罗的传奇"因此诞生。佐罗最早开始出现在一位叫作约翰·麦考利的记者的虚构小说里，麦考利笔下的佐罗是结合一位英格兰传奇人物的故事和三位墨西哥革命时期英雄人物的事迹改编而成的。

36 种犬科动物

犬科动物有 36 种。提到犬，你可能会想到腊肠犬、拳师犬、狮子狗等，不过，这些都是狗的品种，它们都属于一个物种：狼[1]。除了狼和赤狐，还有郊狼和其他 33 种犬科动物。犬科动物虽然长相各异，但从一些细节上还是很容易辨别的。但也有例外，比如鬣（liè）狗，不过你只要记住它不是狗，其他的也就不难判断了。

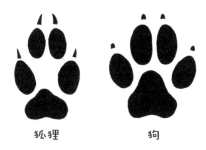

狐狸　　　　　狗

---

[1] 这里说的狼又称灰狼，犬在生物学分类上是狼的一个亚种。而郊狼和狼在生物学分类上则是并列关系。

哪种狐

全世界一共有 23 种狐。但荷兰只有赤狐一种，所以荷兰一般所说的"狐狸"指的就是赤狐。这一点，在中国也是一样的。别的地方也是如此吗？可能不会，至少巴西人平时说的"狐狸"就不可能指赤狐！（因为巴西没有赤狐）

23 种狐分别是：

阿富汗狐	河狐
山狐	北极狐
南美灰狐	食蟹狐
孟加拉狐	秘鲁狐
巴西高地狐	沙狐
达尔文狐	藏狐
岛屿灰狐	苍狐
耳廓狐	赤狐
灰狐	路氏沙狐
北美狐	貉（狸）
大耳狐	
南非狐	
草原狐	

跳起来抓老鼠

赤狐有一种特别的捕鼠技巧。只要它听见草地间有轻微的沙沙声，就会停下一切动作，并保持绝对的安静。它会先用耳朵探测老鼠的方位，然后突然向上弓起身子，纵身一跃。如果顺利的话（通常都很顺利），它的前爪会精准地扣住老鼠！

荤素搭配

赤狐是食肉目动物，它的菜单上，出现最多的就是各种各样的肉。它最喜欢吃野生的穴兔，因为这些兔子身上的肉极为鲜美滑嫩。但它吃的最多的却是老鼠，因为老鼠比较好抓。它有时也会捕鸟吃，虽然赤狐并不会飞，但是当鸟落在地上的时候，赤狐就会迅速地扑上去，在鸟类中，它最喜欢吃肥嫩的雉鸡，当然乌鸫（dōng）或麻雀也很不错。除了肉，赤狐也会吃树莓和浆果。所以你在赤狐留下的垃圾中无论看到了羽毛、动物毛发还是果核，都不必惊讶。

诡计

你可能听过这样的故事：一只"死掉"的赤狐躺在地上，当一群乌鸦慢慢围过来准备吃掉它时，"死掉"的赤狐会突然跳起来，并迅速抓住其中一只乌鸦。这种事曾真实地发生在大自然中，有照片为证哦。

••

储藏

赤狐通常吃一只雉鸡就饱了，但如果它面前有两只雉鸡，那它决不会放过任何一只。而且它会把吃剩的那只鸡藏在一个秘密地点，以便日后继续享用。鸡舍对赤狐来说就像孩子眼里的糖果店，如果有机会溜进里面，它一定会吃个痛快。美餐过后，它还会把吃剩的死鸡带回自己的储藏室。

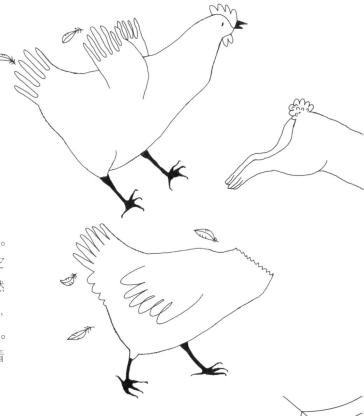

灵敏的鼻子

和其他野生犬科动物一样，赤狐也有个长长的鼻子。它的长鼻子上有很多气味感受器，因此赤狐的嗅觉非常灵敏。

结婚和离婚

赤狐先生的体形比赤狐太太略大，但在其他方面，两者并没有太大的差别。它们住在同一片领地。赤狐先生会赶走周围其他雄赤狐，赤狐太太则会赶走其他雌赤狐。如果生了孩子，它们会一起照顾宝宝。但这场婚姻并不是永久的，如果雄赤狐从邻居雄赤狐那里抢来了一片更好的狩猎场，它就会把邻居的妻子也据为己有，而这位新太太则会把前任太太赶走。

成长

赤狐宝宝出生在春天。刚出生的赤狐宝宝双眼紧闭，无法睁开，但不要因此担心它们的安危，因为赤狐妈妈会陪着宝宝待在安全的洞穴里，给它们喂奶，赤狐爸爸则负责寻找食物。大概 4 周后，赤狐宝宝就能走出家门，快乐地玩耍了。它们喜欢互相抓尾巴玩，有时会不小心抓住自己的尾巴。它们总是很饿，所以当爸爸或妈妈带着穴兔或雉鸡回家时，它们会立即停止玩耍，开始吃东西。等它们再长大一些，父母就会抓捕活着的老鼠回家。对于小赤狐来说，活老鼠是一种十分有趣的益智玩具。到了秋天，它们便开始进行真正的捕猎，从此以后，它们就必须自己照顾自己了。

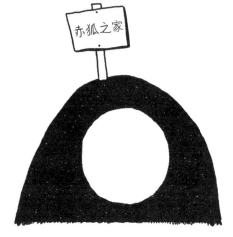

儿童房

狐狸喜欢在树下挖洞做窝，结实的树根保证了天花板的坚固性。这些窝其实是用来当儿童房的，成年狐狸不需要住在洞穴里，因为它们的尾巴可以像毯子一样裹住自己，即便在露天环境下也一样可以安睡。

亲眼看看

想亲眼见到赤狐并不容易。因为它们一般在夜晚外出，而且非常警惕。不过，因为人们现在很少捕杀赤狐了，有些地区（比如东法尔德斯普拉森）的赤狐有时也会在白天活动。白天观看赤狐的最佳地点有海牙和艾默伊登之间的沙丘，还有根特附近的伯根因 - 奥瑟梅尔森自然保护区。

有成千只野生赤狐生活在伦敦。

橙色背毛

赤狐背部的毛是橙色的，而腹部的毛是白色的。它的毛皮不仅美丽，而且柔软温暖。你所看到的赤狐毛发（覆毛）其实只是外层的一部分，它们的大多数毛发都藏在里层，这些细密的底绒形成了一件完美的保暖内衣。赤狐的冬毛比夏毛更浓密，所以它从不会挨冻。

冬天，1 平方厘米的狐狸皮上的毛多达 1000 根。

假狐狸[1]：

- 荨麻蛱蝶
  （一种蝴蝶）
- 印度狐蝠
  （一种生活在热带的大蝙蝠）
- 枣红马
  （一种棕红色的马）

白天和黑夜

在那些没有人类居住的地方，赤狐也会选择在白天狩猎。但是因为老鼠和穴兔喜欢在晚上出洞活动，所以赤狐主要还是在夜里狩猎。它的夜视能力很好，听觉和嗅觉也很灵敏。再加上前肢和口鼻周围那些有触觉的毛发，赤狐在夜晚总是收获颇丰。

四海为家

赤狐很聪明，而且不挑食，所以它们几乎在任何地方都可以存活下来，森林、石楠荒原、沙丘、乡村，甚至一些城市都能看到它们的身影。

[1] 荨麻蛱蝶、印度狐蝠和枣红马这些词汇在荷兰语中都包含了"狐狸（vos）"一词，所以称它们为假狐狸。

丰饶的礁叮区

远有大堡礁

柳珊瑚
（海洋动物）

人类（陆生动物，除非
戴了辅助工具）

珊瑚
（海洋动物）

[1] 这里指的是生物礁。生物礁是具有一定数量的
原地造礁生物格架，能够抗击较强的风浪，在地
形上表现为常凸起的、独立的碳酸盐沉积体。

大堡礁位于澳大利亚东北沿海

如果一个地方被设立为国家公园，那么这里就会完全成为一个自然保护区。澳大利亚最大的国家公园是大堡礁国家公园，它位于澳大利亚海岸外的大陆架上。

大堡礁最美丽的部分位于海平面以下。世界各地的潜水爱好者都喜欢来此潜水，欣赏这里的美景。海面上也有许多漂亮的动物，鹈鹕（tí hú）在海浪中穿梭，军舰鸟在天空中滑翔。如果运气够好，你还能看到远方有海豚跃出海面。但最值得观赏的还是水下的风光——珊瑚礁。居住在那里的海洋生物数量多到不可思议。珊瑚本身就是一种动物，确切地说，是许许多多很小的动物聚集在一起，共同组成了整个珊瑚礁。珊瑚上面和珊瑚丛之间还生存

着很多其他海洋动物，最显眼的是那些五颜六色的鱼，此外还有乌贼，有时还有鲨鱼或海龟。如果再靠近一点，你会看到更多的动物，比如有趣的小螃蟹和五彩缤纷的海蛞蝓（kuò yú）。有些动物看起来不太像动物，反而像植物，比如海参、海星和海胆。像珊瑚那样待在一个地方不动的海洋动物还有很多，比如海葵、海绵和巨大的牡蛎。这里的一切都很独特。但是真的只有在大堡礁才能看到这样的景色吗？

珊瑚礁上的动物数量比植物的数量要多得多。许多动物牢牢地长在珊瑚礁上

还有东斯海尔德

荷兰最大的国家公园——东斯海尔德国家公园，位于泽兰，那里是北海的一个大海湾。

此处曾经是河流的入海口，但现在这里的水已经变得和海水一样咸了。这些水的确在流动，但那是由于潮汐。很多美丽的自然景观都位于水下。荷兰、比利时等各地的潜水员都喜欢来此潜水。在岸边，你也能看到许多美丽的景色，欧绒鸭在海浪中游泳，普通鸬鹚从天空中飞过。如果运气够好，你甚至能看到鼠海豚浮出海面的背鳍。潜入水下就看不到这些景色了，但水底有更特别的景色，也有更多的海洋动物。其中很多动物都不能移动，比如牡蛎和蓝贝。这些动物牢牢地长在一起，形成了美丽的生物礁。在牡蛎礁上，在堤坝底下的岩石上，海藻和海洋动物几乎无处不在：海绵、海葵、海星，还有五颜六色的海蛞蝓……岩石之间住着螃蟹，有时还住着一只大龙虾。鲻（zī）鱼、条长臂鳕、比目鱼等鱼类在此游泳。乌贼会来这里产卵。如果你想亲眼看看这一切，那你必须要有潜水证书，但不一定非要去大堡礁啦。

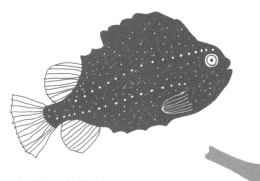

长着吸盘的鱼

圆鳍鱼并不是托尔金[1]或 J.K.罗琳[2]编造出来的动物。它其实是来自东斯海尔德的一种鱼。不过它看起来确实很特别——高高的身体，身上还有排成行的瘤状突起，腹部的吸盘也很稀奇。每年 3 月，雄鱼的腹部会变成红色。它会和体形更大的蓝绿色雌鱼组成一对搭配奇特的夫妇。雌鱼产下橙色的卵后便会离开。雄鱼则会把自己固定在卵附近的岩石上（这对它来说不难，因为它有方便的吸盘！），攻击所有想要靠近鱼卵的生物。

大胃王

东斯海尔德住着大约 60 只海豹。其中大多数都是港海豹，但也有一些是**灰海豹**。两种海豹的区别不仅仅在于颜色，其实它们是两个不同的物种。灰海豹的鼻子更尖，看起来更像一只狗，它比港海豹长大约半米，重 1 倍左右。成年灰海豹重达 300 千克。为了使这副沉重的身躯保持健康和温暖，它每天要吃下大约 15 千克的比目鱼、黄盖鲽（dié）、黑线鳕和其他食物。

龙虾

龙虾是什么颜色的？你可能认为是红色。你并不是唯一一个这样想的人。大多数人只在餐馆里见过**欧洲龙虾**，这时它已经被煮熟了，所以变成了红色（或者说橙红色）。如果有机会去东斯海尔德潜水，你可能会见到它活着的样子，和煮熟的样子截然不同。活着的欧洲龙虾是深蓝色的，腹部为黄色。但那两把大钳子确实是红色的。

海龙是海马的近亲，但它的身体是展开的，末端还有尾鳍。

翘鼻麻鸭们开设了自己的"幼儿园"，父母们会轮流照顾一大群孩子。

[1] 托尔金，英国作家、诗人、语言学家及大学教授，以创作经典严肃的奇幻作品《霍比特人》《魔戒》《精灵宝钻》而闻名于世。
[2] J.K.罗琳，英国作家，代表作品《哈利·波特》系列小说。

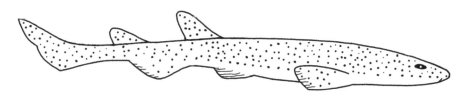

鲨鱼

你可能认为北海没有鲨鱼，但实际上，东斯海尔德附近也有鲨鱼出没。当然，那种长着大嘴和可怕背鳍的庞然大物并不会来这里，但**斑点猫鲨**经常光顾此地。那是一种长着漂亮斑点的小鲨鱼，最多可以长到 1 米。它喜欢在海底附近游泳，所以你不会在海面上看到小小的可怕背鳍。

羽绒被

比起淡水，**欧绒鸭**更喜欢海水。这主要是因为它爱吃蓝贝、鸟蛤和其他贝类。欧绒鸭主要生活在瓦登海，但东斯海尔德也有它们的身影。雄性欧绒鸭尤为引人注目，它身披黑白分明的羽衣，头部后面还有一块独特的绿色羽毛。雌性欧绒鸭身上则是低调的棕色条纹。对于负责孵蛋的雌性欧绒鸭来说，低调也是一个优势。如果它要离开窝吃东西，它会啄下自己胸部的绒羽做成小被子，用来保持蛋的温度。真是个称职的好妈妈！

泽兰的珊瑚

大多数人所熟知的珊瑚是坚硬的，但也有柔软的珊瑚。这种软珊瑚摸起来像橡胶一样滑溜溜的。但小朋友们可不要随意去摸哦，有些软珊瑚是有毒的呢！硬珊瑚会造礁，而软珊瑚不会，它们通常是在水中随波漂动。大多数珊瑚生活在热带海域，但有些珊瑚也能在寒冷的海水中生存。水手珊瑚是一种生活在北海和东斯海尔德的软珊瑚。曾有渔民用渔网捞到了这种珊瑚，渔民们起初还以为那是被淹死的水手快腐烂的手，它由此得到了一个令人毛骨悚然的别称——"死人的手指"。

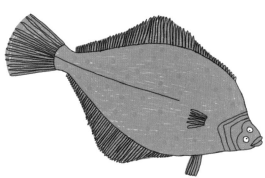

比目鱼小时候双眼还长在头部两侧。随着年龄的增长，左侧的眼睛会移动到另一侧。

鼠海豚是海豚的亲戚，但它不像海豚那么擅长跳跃。当它呼吸时，你可以在水面上看到它的头部、背部和背鳍。换完气后它便潜入水中迅速游走了。

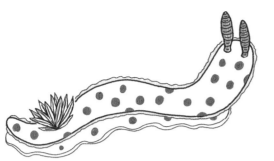

盗窃武器

生活在陆地上的蛞蝓看起来有些笨拙，海蛞蝓则恰恰相反，它们行动优雅，背上通常有醒目的彩色斑点。你可能以为醒目的颜色会使它们更容易被鱼吃掉，其实海蛞蝓身上的亮蓝色或柠檬黄色是表示警告的颜色。海蛞蝓还会蜇刺，它们能从食物中获取刺丝胞。它们不吃石鳖（chún），而是吃海葵和其他有刺丝胞的动物。海蛞蝓不会消化这些带刺的武器，而是会把它们小心翼翼地从肠道移到背上的乳突。所以海蛞蝓其实是掠食者，它们会使用猎物的武器来保卫自己。

匹诺曹

反嘴鹬的叫声听起来像"略略略"。它穿着黑白分明的羽衣，与大熊猫的配色很像，所以都说它是涉水鸟中的大熊猫。它长长的喙向上弯曲，看起来十分有趣。它的双腿修长而优雅。你可能会感到疑惑：它在蛋里是什么样的呢？这双腿可以折叠起来，但是喙不行吧？是的，反嘴鹬宝宝刚出生时就有了结实的双腿，它的喙却很短。但是随着它们慢慢长大，它的喙会像匹诺曹的鼻子一样飞快地变长。

美味的腹部

这种动物看起来仿佛是从童话里走出来的：从后面看像海螺，从前面看却像螃蟹。但它确实存在于现实生活中，它就是寄居蟹。东斯海尔德就有很多寄居蟹。为什么它要住在海螺壳里呢？原来，这种动物有着柔软的腹部，看起来像一根香喷喷的香肠。这个部位在鱼类眼中也是美味的食物，所以寄居蟹必须把腹部藏在空的海螺壳里。随着它不断长大，这个"房子"会变得拥挤，这时寄居蟹就会去寻找一个更大的海螺壳，然后搬家，速度要快，否则腹部就会成为一些鱼的美食。

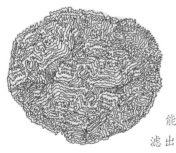

海绵是一类不能自己行走的海洋动物，它能从海水中过滤出食物。一个网球那么大的海绵每天能过滤大约5000升海水。

沙蠋（zhú）潜居于 U 形穴道中，以泥沙为食。它的头端上方泥沙处有一个"井"状的开口，它就用这个开口大量吞食泥沙，消化其中的有机物和小型动物，由于不断吞食，致使头端上方的泥沙下陷，逐渐形成这个漏斗状的开口；而在它的尾端，你会看到一堆沙子做的"意大利面"，这是它的排泄物。

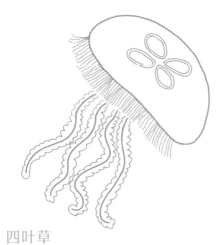

四叶草

如果有人说你是一个"水母"，那肯定不是在赞美你。因为大多数人只在海滩上见过这种动物，而海滩上的水母总是呈现出一团乱七八糟的形状。但它在水下的样子却截然不同。在海里的水母看上去十分美丽。最常见的水母是海月水母，它的身体中间有一个白色的四叶草图案。如果你会游泳，你就可以放心地近距离观赏它，因为它并不会蜇人。

普通欧洲蛇尾是海星的亲戚，它的腕细长且易断，它们会在水流动的地方把腕举高来摄食水中的浮游生物。

礁

小时候的蓝贝会游泳，它主要是随着海水漂流。过一段时间，当它长出了壳，变重了，便会沉入水底。在下沉过程中，一旦碰上坚硬的东西，它就会分泌出有黏性的丝，并用这些黏丝把自己固定在一个位置，在此安度余生。蓝贝选择附着的坚硬表面可能是岩石，也可能是另一个蓝贝的壳。当成千上万的蓝贝粘在一起，就形成了一种独特的生物礁。

因为东斯海尔德有来自北海的乌贼（头足纲动物），所以情侣们把这里视为热门约会场所。

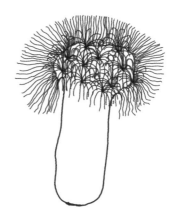

动物花

虽然海葵这个名字听上去像一种植物，但实际上它是一种动物。须毛细指海葵就是动物。海葵的触手能在海水中翩翩起舞，不断捕捉各种海洋生物，再把猎物送入口中。海葵的口就隐藏在触手丛的中间。须毛细指海葵有一种好像花茎的结构，这让它们看起来比其他海葵更像花了。而且这种海葵色彩缤纷，有白色、橙色和粉红色，所以东斯海尔德的水底有时看起来像五彩缤纷的花坛一样。

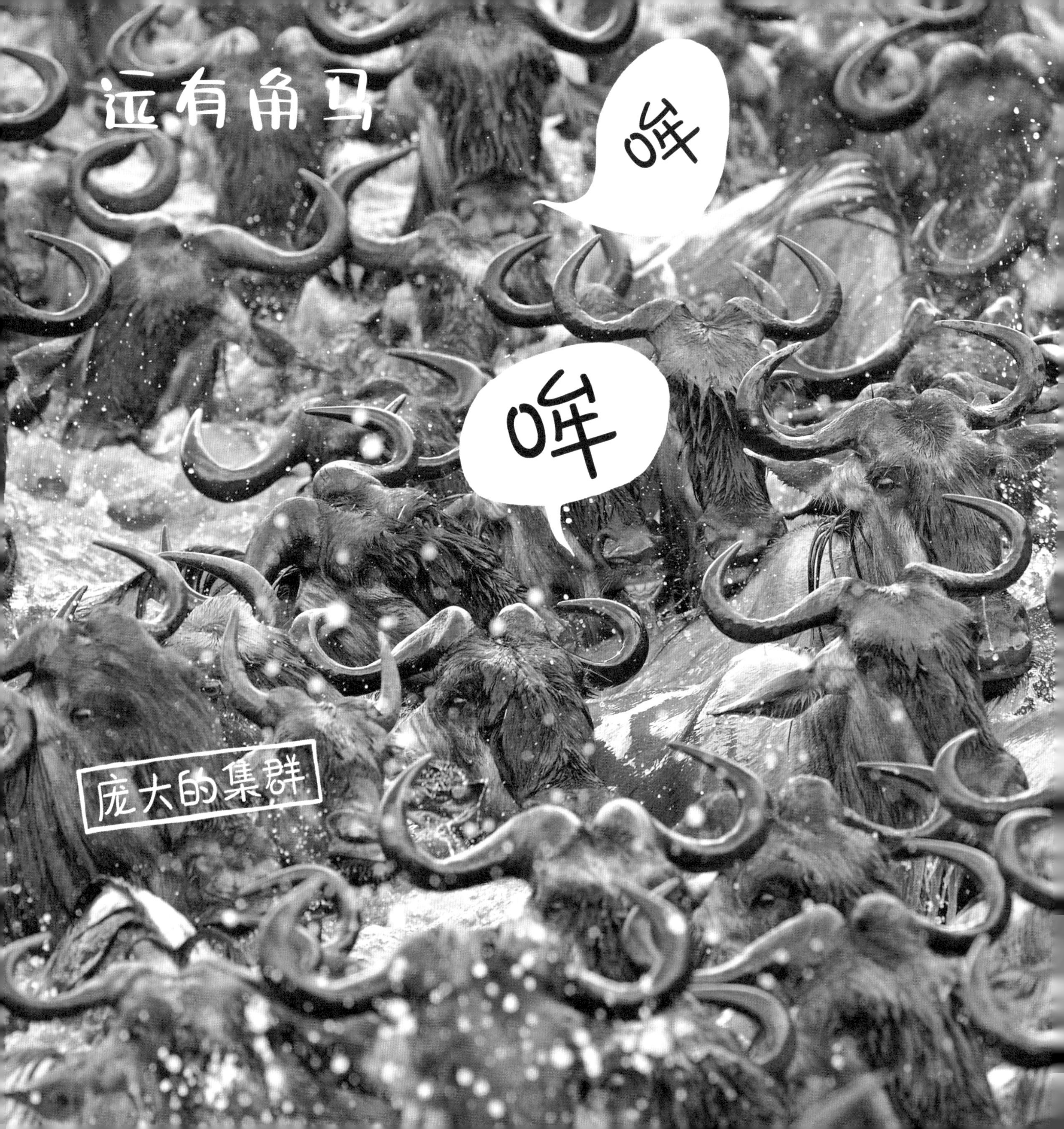
还有角马
哞
哞
庞大的集群

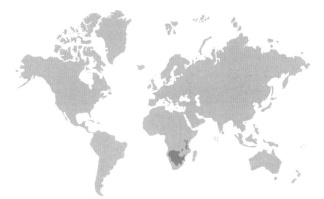

角马的"哞哞"声听起来像牛叫。这并不是巧合哦，因为角马属于牛科。

角马住在非洲东部和南部的疏林草原上。它们随着雨水（也就是跟着新鲜的草）迁徙

在大多数关于大自然的电影中，角马经常扮演配角，也就是猎物的角色：一只角马要么被一群野狗追赶，要么成为狮子的腹中餐，或者被鳄鱼撕成了碎片。没有一只角马愿意出演这种角色，因此它们会在迁徙时自觉组成一个庞大的群体。野狗和狮子都不敢轻易挑战这成千上万的蹄和角。当必须越过鳄鱼生活的河流时，数十万只角马会同时渡河，场面看上去非常壮观。

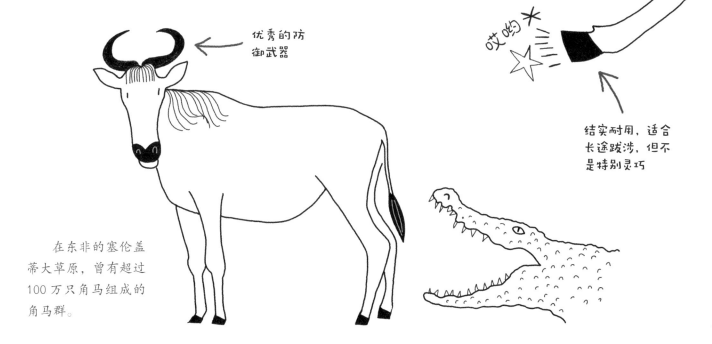

优秀的防御武器

哎哟

结实耐用，适合长途跋涉，但不是特别灵巧

在东非的塞伦盖蒂大草原，曾有超过100万只角马组成的角马群。

近有紫翅椋鸟

庞大的集群

它们不会碰
到彼此 ↘

↗
它看起来像一
片活生生会
动的云（事实
上也的确是
活着的）

↖
有时一群鸟
的数量会超
过 100 万只

数以万计的紫翅椋鸟是每年在乌得勒支能看到的最盛大的自然景观之一。大自然视频制作人把他们拍到的新影像发在 YouTube 上，这些视频看起来一个比一个壮观。在格罗宁根、鹿特丹、兹沃勒、登海尔德、莱茵河畔阿尔芬和其他许多地方，这种景象极为引人注目。不管在哪里，这些蜂拥而至的紫翅椋鸟都令人震惊。你简直无法相信自己的双眼：数以万计的鸟组成了不断变化的云。但是，如果这时飞过一只雀鹰，这幅美景就会瞬间消失。

睡前

许多人都以为紫翅椋鸟聚集起来是为了飞往南方，报纸上和电视上也是这么说的，但实际情况并非如此。紫翅椋鸟确实向南飞了一些，但它们主要是从北方飞往荷兰。这时鸟群通常比较小，所以你可能不会注意到它们。但在 10 月到第二年 3 月期间，你会在这里看到非常非常多的紫翅椋鸟。它们喜欢在一起睡觉并在荷兰找到了一些非常适合生存的地方。傍晚时分，一小群一小群的紫翅椋鸟会向这个地方飞去。它们不断聚集在一起，不停扩大鸟群，同类越多，它们感觉越安全。因为天空中一只孤零零的紫翅椋鸟非常容易被雀鹰或游隼捕食，但这样一个不断变换的巨大阵形足以把猛禽们绕晕。每次一到休息时间，紫翅椋鸟便会一同降落。

指挥

鸟群中的每只紫翅椋鸟都会密切关注与自己紧邻的鸟。如果有一只鸟向左转弯，其他鸟都会跟着一起向左转。它们并没有专门负责领头的鸟，每只鸟都可以率领大家改变动作和方向。

飞行技巧

紫翅椋鸟的翅膀虽然不算很长，但非常强壮有力。羽翼贴近身体的部分较宽，末梢则较尖，这双翅膀是出色的飞行工具。紫翅椋鸟的动作极其快速灵活，它们可以在空中捕食昆虫。只要仔细观察，你就能通过紫翅椋鸟的飞行方式认出它们，它们振翅时沿直线飞，有时也会滑翔。

最高时速：70 千米 / 小时。

粉棕色的腿

雄鸟还是雌鸟

雄性和雌性紫翅椋鸟在外观上有一定差异。雌鸟的虹膜周围有一个白色的小圈，而雄鸟的眼睛则是均匀的棕色。雄性和雌性紫翅椋鸟喙的颜色和羽衣上白色斑点的宽度也有所不同，不过只有资深鸟类爱好者才能看出这些差别。当然，紫翅椋鸟自己也能看出来。

会走又会抓

紫翅椋鸟有双强壮的腿，所以它很擅长走路。它们经常在地上走来走去，并不断低头捕食。它们弯曲爪趾时，还可以紧紧抓住树枝或电线，把自己轻松地固定在上面，甚至还能在树枝上打盹儿。

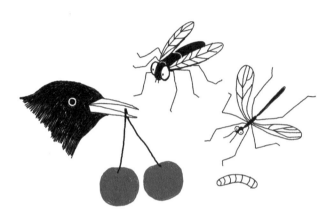

别致的羽衣

成年紫翅椋鸟的新羽衣很漂亮。这身羽衣远看是黑色，近看却波光粼粼，闪着绿色和紫色的金属光泽，上面还有白色斑点。总而言之，那是一件非常别致的羽衣。不过几个月后，羽毛的边缘磨损了，上面的白点就会变得越来越小，光泽也越来越黯淡，这时候就该换新羽衣了。

不挑食

紫翅椋鸟并不挑食，它们爱吃昆虫，也同样喜欢吃谷物和水果。当樱桃成熟的时候，它们会在果园里大吃特吃；到了谷物丰收的季节，它们又会去农田捡食谷粒。到了冬天，它们则会去花园里寻找食物。

在繁殖季节，紫翅椋鸟的喙会变成黄色，但随后它又会恢复黑灰色。

方便好用的喙

以昆虫为食的鸟大多长着尖尖的喙，方便它们从狭窄的缝隙间捕食昆虫。吃种子的鸟一般都长着厚厚的喙，这样它们就可以把种子啄开。紫翅椋鸟既吃昆虫也吃种子，所以它的喙结合了这两种喙的特点：又厚又尖。这种喙并不是为了某种特定的食物而生的，而是适用于多种类型的食物。

丑宝宝

刚孵出来的紫翅椋鸟宝宝可不怎么好看。它们是光秃秃的小瞎子，翅膀太小，脑袋太大，还长了一张蠢乎乎的大嘴巴。当它们张开嘴时，你能看到它们那引人注目的黄色口腔。父母会把食物喂到幼鸟嘴里。不久之后，幼鸟就会长出羽毛，睁开眼睛，这时候，宝宝们看起来就可爱多了。大约3个星期后，幼鸟就可以独自飞行。鸟爸爸和鸟妈妈有时会在同一个季节再生一窝蛋，但大多数时候只生一窝，这样它们也能稍微喘口气，休息一下。

蛋

雌鸟通常会产下 5~6 枚浅蓝色的蛋，之后雄鸟和雌鸟会交替孵蛋。当它们辛勤孵蛋 12 天后，幼鸟就能破壳而出了。

天敌

地上的猫和狐狸，天上的猛禽，都是紫翅椋鸟需要小心的天敌。紫翅椋鸟虽然比大多数猛禽飞得快，但它们的速度还是比不上游隼、雀鹰和苍鹰。

紫翅椋鸟的洞

紫翅椋鸟通常会用干草、苔藓和废纸片筑巢，它们喜欢住在树洞里，比如废弃的啄木鸟洞。它们也喜欢住在石洞里，但它们的洞比山雀洞要大些，尤其是入口。

紫翅椋鸟的歌声听起来像"啾啾啾啾"

混合音乐

唱歌是鸣禽[1]的必备技能。紫翅椋鸟（尤其是雄鸟）也会唱歌，但它们并不能像乌鸫或夜莺那样唱出笛声般优美的曲调。紫翅椋鸟的歌声听起来有些杂乱无章，但它们仍然能以自己的方式进行一场精彩的表演。它们甚至还会拍手，呃……应该说拍翅膀。最有趣的是它还会模仿其他动物的声音，并融入自己的歌里。比如生活在动物园里的紫翅椋鸟会把小鸡的"唧唧"叫和公鸡的"喔喔"叫糅合到自己的音乐里。

人类驯养的紫翅椋鸟还能学着说几句话呢。

鸣禽

紫翅椋鸟属于鸣禽。在鸟类中有一半以上都属于鸣禽，其中就有100多种椋鸟。除了紫翅椋鸟，还有许多生活在热带的椋鸟，比如鹩哥、金胸丽椋鸟和长冠八哥。

短暂的生命

理论上讲，紫翅椋鸟确实有可能活到20岁，但在现实中，它能活到5岁就是万幸了。很多紫翅椋鸟只能活到3岁，更不用说那些出生后几周就夭折的幼鸟了。

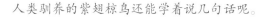

[1] 鸣禽为雀形目鸟类，种类繁多，包括83科。鸣禽善于鸣叫，由鸣管控制发音。

狂热的莎士比亚迷

紫翅椋鸟是全世界最常见的鸟类之一。其中一个重要原因就是人类几乎把这种鸟带到了世界各地。现在，紫翅椋鸟主要分布在美国、新西兰、澳大利亚和南非。住在美国的紫翅椋鸟和英国作家莎士比亚还有过一段奇缘呢。那时，一位狂热的莎士比亚迷希望把出现在莎士比亚戏剧和诗歌中的所有鸟类都带到美国。于是，他于 1890 年在纽约的中央公园放生了大约 60 只来自英国的紫翅椋鸟。而紫翅椋鸟也不负众望，成功地在美国发展壮大。现在美国约有 1.5 亿只紫翅椋鸟！

到处都是

紫翅椋鸟什么都吃，而且不害怕人类。无论是在农田、自然保护区还是在城市里，它们都能找到食物。可以说在荷兰的任何地方，你都能看到紫翅椋鸟的身影。它们常在树上或建筑物上筑巢。在荷兰，每年都会有数十万对紫翅椋鸟交配繁殖。现在紫翅椋鸟的数量确实比十年前少，但比一百年前要多得多，所以不用担心它们会灭绝。

亲眼看看

可能你一直以来都未曾留意过紫翅椋鸟。但是一旦认识了它们，并了解了它们飞行、走路和休息的方式，你就会发现它们几乎无处不在。冬天，如果你把食物放在室外的桌子上，你就有机会近距离观察它们了。冬天的紫翅椋鸟是最好看的，所以这时观察它们令人格外愉悦。

现在就想看看？你可以上网搜索关键词"紫翅椋鸟群"

紫翅椋鸟船长

很多荷兰人以为紫翅椋鸟（荷文：spreeuw）的英文是 sparrow，但其实是 starling。sparrow 在英语里是指麻雀。这确实有些容易搞混。看过电影《加勒比海盗》吗？里面的杰克·斯帕罗（Jack Sparrow）船长可不是"杰克·紫翅椋鸟"，而是"杰克·麻雀"！

远有巨蜥

有时一次吃下的食物重量
能达到体重的一半

从空气中
捕捉气味

唾液里充满了
致命的细菌

凶猛的
蜥蜴

仅分布在印度尼西亚的科莫多岛及其附近的一些岛屿上

科莫多岛及其附近的居民很久以前就认识这种动物了，但来自西方的科学家直到1912年才发现它

科莫多巨蜥可不是什么小可爱，而是一种巨大的蜥蜴。这个健硕的猎手嘴里长满了锋利的牙齿，能一口吞下一整只鸡或大鼠，甚至可以把鹿或山羊撕成肉块。蜥蜴无法自主调控身体的温度。如果体温下降，它们的行动就会变得迟缓。这对于猎手来说是一件很不好的事情，所以你不可能在荷兰这样一个寒冷的国家见到这种蜥蜴。

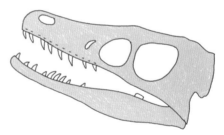

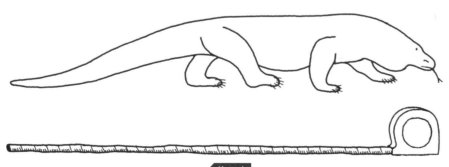

约3米

约
135千克

近有捷蜥蜴

主要吃昆虫和蜘蛛

5个指／趾，这对人类来说很正常，但和它相貌相似的蝾螈却只有4个指／趾

凶猛的蜥蜴

尾巴的长度达到身体其他部分长度的1.5倍。你可能以为这尾巴很长，但对于蜥蜴而言，它算是很短的了

你可能在温暖的国家见过蜥蜴，比如在意大利度假的时候。在荷兰也有这种爬行动物。如果知道它们的栖息地，再加上一些耐心和好运，你甚至可以在荷兰找到 4 种不同的蜥蜴，其中最凶猛的就是捷蜥蜴。这种美丽的小动物的确不像科莫多巨蜥那么大、那么恐怖，但对于昆虫来说，它依然是威胁生命的恐怖杀手。

鳞片（与其他爬行动物一样）

在丛中爬行

捷蜥蜴不像普通壁蜥那样善于使用爪子攀爬，当然更比不上那些能把脚趾牢牢吸在物体上的壁虎了。但在石楠灌丛中爬行，对它来说轻而易举。

约 20 厘米

两个名字

捷蜥蜴还有个名字叫沙蜥蜴。但这个名字并不精确，因为它不仅生活在沙丘中，也生活在石楠荒原。它喜欢选择干燥的高地，当然那里也有沙子。

趴着前进

蜥蜴的腿长在身体侧面。蜥蜴喜欢趴着休息，爬行时紧贴地面。虽然它爬起来摇摇摆摆，但速度快得惊人。在你注意到它之前，它就已经溜之大吉了。

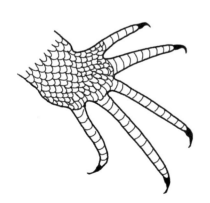

自动送餐

狩猎

虽然有的蜥蜴能把山羊撕成碎片，但大多数蜥蜴还是以昆虫为食的。捷蜥蜴也是如此，它主要吃甲虫、草蜢、苍蝇和蜘蛛。没错，蜘蛛不是昆虫，但捷蜥蜴并不介意。捷蜥蜴并不会追赶猎物，因为它在这方面并没有胜算，尤其是面对草蜢和苍蝇这样灵敏的对手。它会耐心等待猎物进入它的设防区，然后突然扑过去一口咬住！当然，有时它也会失手。

可丢弃的尾巴

蜥蜴在紧急情况下有一个特殊的逃脱技巧：断掉自己的尾巴。是的，你没看错，蜥蜴断掉的半截尾巴还能动一会儿。这是因为蜥蜴的尾巴上有一种特殊的肌肉，当蜥蜴害怕的时候这种肌肉会强烈收缩从而使尾巴断开。当攻击者的注意力都被那截断掉的尾巴吸引时，蜥蜴便可以趁机逃脱。真是个聪明的计策！新尾巴需要几周时间才能长出来，而且也没有旧尾巴那么漂亮灵活了。

天敌

捷蜥蜴是一个捕猎者，但它同时也是很多动物捕食的对象，其中最大的天敌就是猛禽。所以捷蜥蜴喜欢躲在石楠灌丛和草丛中。它在晒日光浴时会格外小心，如果附近有普通鵟飞过，或者有狐狸和人类经过，它就会飞速隐蔽起来。

亲眼看看

冬天是看不到捷蜥蜴的，因为它们都在冬眠。捷蜥蜴在 4 月苏醒，最先爬出来的是雄蜥蜴。观看它们的最佳时间在 5 月，因为这时的捷蜥蜴最活跃，也最漂亮。在这时，它们的腹部和侧面都会呈现漂亮的鲜绿色。

猫和狗

除了猛禽和狐狸外，流浪猫和流浪狗也是捷蜥蜴的大敌。

捷蜥蜴可以活到 17 岁，即便生活在大自然中也是如此。但大多数活到 6 岁就已经算不错了

荷兰的蜥蜴

荷兰有 4 种蜥蜴：

1. 捷蜥蜴

2. 普通壁蜥

3. 胎生蜥蜴

4. 蛇蜥

最后一种蜥蜴非常奇怪，因为它没有腿！所以在普通人眼中，它就是一条蛇。但生物学家认为它是蜥蜴。因为它和蛇有很多不同，比如它可以眨眼，蛇可做不到这一点。细长的蛇蜥还曾经被人们当成了蠕虫，其实它跟蠕虫没什么关系。

到底是哪种

在荷兰，只有两个地方能找到普通壁蜥。一个是乌得勒支的植物园，另一个是马斯特里赫特的城墙上。所以，你在石楠荒原看到的蜥蜴肯定不会是普通壁蜥。如果你看到的蜥蜴是绿色的，那答案就显而易见了，那肯定是一只成年的雄性捷蜥蜴。但雌性和幼年的捷蜥蜴都与胎生蜥蜴非常相似，而且它们都住在石楠荒原。想要分辨它们可不容易，但当你了解了它们之间的差异之后，你就可以轻松地辨别它们了。

胎生蜥蜴

- 身上没有豹纹
- 吻部偏尖
- 幼年胎生蜥蜴颜色很深，尤其是尾巴部分

捷蜥蜴（雌性和幼体）

- 身上有豹纹（深色花纹，上面有浅色斑点）
- 吻部偏钝
- 幼年捷蜥蜴通常是浅棕色的，也没有深色的尾巴

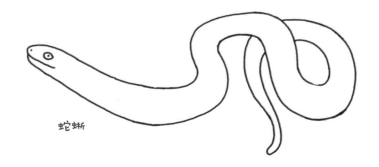

蛇蜥

太阳能

爬行动物大都属于冷血动物，因为有时它们的血真的是冷的，比如冬眠的时候，这时蜥蜴的身体处于一种节能状态。但当它活动时，血液就会热起来。这不难理解，因为身体运动时温度肯定会升高，就像引擎（qíng）一样。爬行动物无法在寒冷状态下活蹦乱跳。所以蜥蜴在身体变冷后，需要待在阳光下或者温暖的石头上。只有晒足了日光浴，它才能在寒冷的夜晚过后继续活动。

蜥蜴

蝾螈

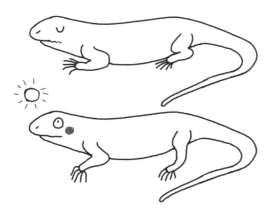

蜥蜴还是蝾螈

很多人分不清蜥蜴和蝾螈（róng yuán）。这并不奇怪，因为它们都有长长的尾巴，而且腿都长在侧面。不过它们之间也有很多不同之处，尤其在生物学分类上，蜥蜴属于爬行纲（比如蛇和鳄鱼），而蝾螈属于两栖纲（比如青蛙）。

蝾螈
- 四肢细弱
- 身上没有鳞片
- 没有分叉的舌头
- 4 个趾 / 指
- 黏糊糊的卵，在水中产卵

蜥蜴
- 四肢壮实
- 身上有鳞片
- 通常长着分叉的舌头
- 5 个趾 / 指
- 卵有壳，在陆地上产卵

袜子和绿巨人

和其他爬行动物一样，蜥蜴经常会蜕皮，但它蜕皮的方式和蛇不太一样。蛇会一次性蜕掉所有旧皮肤，就像脱下了一条长长的袜子似的。而蜥蜴的旧皮肤则会从它的身上成片剥落，就像绿巨人[1]一样。说起来，捷蜥蜴那崭新的亮绿色皮肤像极了绿巨人皮肤的颜色。

---

[1] 绿巨人是美国漫威漫画旗下的超级英雄。一位天才核物理学博士、世界著名的物理学家，在一次意外中被自己制造出的伽玛炸弹的放射线所伤，受到了大量辐射，身体产生变异。此后每当他情绪激动、心跳加速的时候，他就会变身为名叫"浩克"的绿色怪物——绿巨人。

大男子主义

最强壮的雄性捷蜥蜴会占据石楠荒原或沙丘上最好的位置。雌性捷蜥蜴也喜欢到这些地方产卵。每只雄蜥蜴都想交配，而且希望能跟多只雌蜥蜴交配，所以它们会争抢这些位置。雄蜥蜴有时会为此战斗，但大多数情况下只是虚张声势而已。它们在争斗时会用腿把身体高高耸起，抬起头威胁对方。缺乏自信的雄蜥蜴会自动退让，选择一个稍次些的地方，然而那些不太好的地方，可能没有雌蜥蜴愿意去。但那些占据高地的雄蜥蜴也很容易被猛禽抓走，这就是交配的风险。

在繁殖期雄性捷蜥蜴的颜色是最绿的。

● ● ● ● ● ● ● ● ● ● ● ● ● ● ● ●
粗暴的雄蜥蜴

捷蜥蜴的交配似乎更像是战斗。交配时，雄蜥蜴会用嘴紧紧抓住雌蜥蜴，有些雌蜥蜴甚至会因此受伤。当一切结束后，雄蜥蜴就会去寻找另一只雌蜥蜴继续交配。

它是绿色的，它有两个交配器

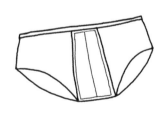

雄性捷蜥蜴的侧面和腹部是亮绿色的，因此它们比雌性更好看。而且，令人好奇的是，一只雄蜥拥有两个交配器[1]。雌性捷蜥蜴通常是灰色和棕色的，当然也有欣赏这种风格的。毫无疑问，这种花纹在雄性捷蜥蜴眼里就很美，利于雌蜥安全而隐蔽地产卵。

─────────
[1] 这里说的是一种叫"半阴茎"的结构。蛇和蜥蜴的雄性交配器是一对半阴茎，平时不显露体外，而是埋藏在泄殖腔后方的2个阴茎囊中，当半阴茎的基部与泄殖腔相通，可将精液沿着半阴茎注入雌性体内。

地下的蛋

从6月开始，雌性捷蜥蜴会寻找一个适合产卵的地方。这个地方不需要很大，一张A4纸大小的位置就足够了，但一定要有沙子和充足的阳光。如果找好了产卵的地点，它就会在那里挖一个凹坑，然后"噗，噗，噗"产下几枚蛋，再用沙子把蛋埋起来。雌蜥蜴的工作到这一步便结束了。沐浴着灿烂的夏日阳光，孩子们会在大约两个月后出生。如果阳光不那么充足，这些蛋就需要再多等些时候才能孵化。捷蜥蜴宝宝破壳而出后会自己爬到凹坑上面，它们的妈妈虽然早已离开了，但坚强的宝宝们靠自己也能活得好好的。从这方面看，捷蜥蜴确实有些像海龟。

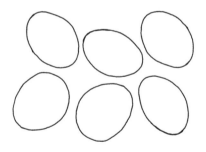

捷蜥蜴蛋
- 通常一次产5~7枚蛋
- 坚韧的白色壳
- 像小葡萄那么大
- 产下后需要1~2个月孵化
- 刚出生的宝宝：6厘米

远有狐獴

一大家子
住在一起
的动物

有危险！

灵敏的鼻子

视力很好

狐獴的尾巴可以
作为身体的支撑，
看起来像一根抵
在身后的棍子

狐獴生活在非洲
南部的干旱地带

　　狐獴是一种喜欢群居的动物。通常多个狐獴家庭会一起住在一个洞穴系统中，舒适而安全。它们虽然是食肉目动物，但也有很多天敌。白天，狐獴会在周围寻找甲虫、蛇、蝎子和其他美味的小吃。它们很难做到一边在岩石下寻找猎物，一边抬头观察天空中是否有天敌靠近，因此总会有一两只狐獴负责放哨。当危险降临，放哨的狐獴就会发出警报，然后整个大家族都会迅速躲进地下避难。

狐獴的洞穴里有时还居住
着其他动物，比如地鼠和
跳兔。真是不可思议

近有穴兔

竖起来的
耳朵

睁大的眼睛

仔细嗅着周围可疑
的气味

白色警报器
（逃跑时发
出警报信号）

一大家子
住在一起
的动物

结实的爪子，
擅长挖掘

警报

就像狐獴一样，穴兔也喜欢和同类一起住在舒适的地下。比起生活在非洲的狐獴，穴兔的天敌更多，所以它们外出时会格外小心谨慎。穴兔在洞穴外通常都立得直直的，一旦看到、嗅到，或者听到了危险（无论是狐狸、苍鹰或者人类），它就会在地上踩脚，然后所有"室友"就会立刻逃回洞里。

不是啮齿目

如果你想在一大本动物百科全书中找到穴兔，可不要去啮齿目里找，因为它并不属于那里。欧洲野兔也不是啮齿动物。这两种兔子都属于兔形目。它们都能用门齿啃咬食物，换成你也能做到这点，所以并非所有能用门齿啃咬食物的动物都属于啮齿目。生物学家发现，兔形目和啮齿目之间存在诸多差异，例如兔形目动物比啮齿目动物多一对门齿，它们有 6 颗门齿，而啮齿目动物只有 4 颗。因此他们把大约 80 种兔和鼠兔划归兔形目，从而和 2000 多种大鼠、小鼠、豚鼠、河狸、松鼠、豪猪等其他啮齿目动物区分开来。

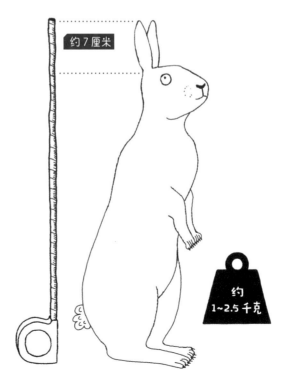

约 7 厘米

约 1~2.5 千克

兔子 ♥ 沙子

如果只需要四处奔走找吃的，那穴兔完全可以四海为家。但穴兔不会离家太远。它们更喜欢生活在干燥的洞穴里，所以它们会寻找方便挖洞的含沙土壤。如果你想看见它们，不用去茂密的森林，只要去生长着灌丛、草或其他植物的沙土地上寻找就可以了。它们不喜欢潮湿的地区，石楠荒原和沙丘才是它们的乐园。

夜晚

有时也能在白天看到穴兔，但它们大多在太阳下山后才会出洞活动。因为它们觉得这时出来更安全。

素食主义者

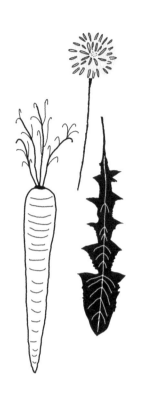

穴兔是真正的食草动物，但它们不吃蔬菜。它们最喜欢吃的美食是新鲜的嫩芽、多汁的草根、鲜嫩的叶片和西洋蒲公英。到了冬天，它们也会啃食小树的树皮。

穴兔能从这些多汁的食物中获取足够的水分，所以它们很少直接喝水。

锋利的牙齿

穴兔完整的门齿比显露在外的部分要长很多。它们的颅骨和下颌骨中就有很长一段门齿，这些门齿会不断生长，这是很有必要的，因为穴兔啃咬时会不断磨损门齿。门齿的前部比后部更加坚硬，这样就可以在长时间的磨损中形成尖锐的边缘，从而保持门齿的锋利。

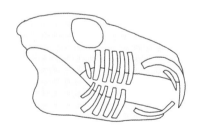

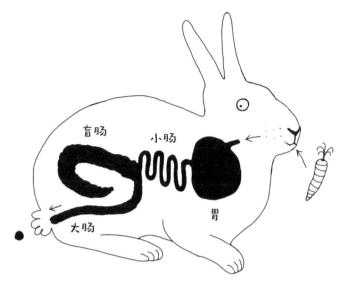

吃粪便

你可能见过穴兔的粪便：一些干燥的黄褐色小球。但是还有一种潮湿的黑色穴兔粪便，你可能从未见过。穴兔通常会在洞穴里排出这样的粪便，然后再把这些粪便直接吃掉！穴兔这么做和它们的消化系统有关。这里的原理有些复杂，请听我慢慢讲。

穴兔吃下的食物会经过胃来到小肠。小肠能够吸收食物中的营养素，但无法吸收那些长长的纤维。所以穴兔会把这些长纤维通过粪便排出，这就是前面所说的那种干燥的粪便。穴兔还有一段盲肠，它有点像挂在肠子上的一个"袋子"。这段盲肠可以初步消化较短的纤维。但盲肠的位置在小肠的后面。你可能会说："那就把被盲肠初步消化的纤维运回小肠，不就行了吗？"然而穴兔的肠道是一条单行道，所以这样做是行不通的。事实上，这些短纤维被包裹在一层黏液中排出，好像湿乎乎的黑色粪便一样。然后穴兔就会吃掉那些粪便，它们通过胃再次来到小肠，进行消化……

成长

穴兔宝宝会在两周大的时候第一次走出洞穴。当然穴兔妈妈会一直关注着它们，如果有小家伙脱队了，它就会抓住小家伙的脖子，就像在说："哎呀，宝宝快回来！"穴兔宝宝在开始吃草之前，妈妈会先喂宝宝们吃一些自己的粪便，这些粪便能帮助宝宝们在肠道里形成正常的菌群。这个方法很有效，大约一周之后，小穴兔就不用再喝母乳了。

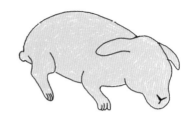

穴兔宝宝

刚出生的穴兔宝宝长得很不好看，看起来光秃秃皱巴巴的，眼睛睁不开。但10天后它们就会长出柔软的毛，并睁开亮晶晶的小眼睛，变成软萌萌的小可爱。穴兔宝宝出生后会在地下的婴儿室里待一段时间，兔妈妈每天来喂两次奶。因为它有10个乳头，所以兔宝宝们并不需要排队吃饭。

年轻的祖母

穴兔的繁殖能力极强。它们不到半岁就会发育成熟，而且怀孕时间不超过一个月。有些雌兔一岁前就当上了祖母，还能同时再生下一窝（3~7只）新的兔宝宝。

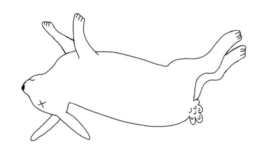

5个月后，穴兔就成年了。

疾病

许多兔子死于两种传染病。第一种传染病的名字有些拗口，叫作兔黏液瘤病，这种疾病源于南美洲。1950年，一个法国人不堪忍受自己庄园里的兔子，便释放了几只黏液瘤病兔想杀死园中的其他兔子。没成想这种疾病不仅消灭了他庄园里的野兔，还在欧洲蔓延开来。南美洲的兔子们可能对这种病有较强的抵抗力，但欧洲的兔子可没有。得了这种病的兔子眼睛会肿胀化脓。哪怕周围有鹭、乌鸦以及狐狸等对它们有威胁的动物，它们都呆滞无反应，而且很快就会死去。另一种疾病叫作兔病毒性出血症。患有这种疾病的兔子在外观上没有特别明显的生病迹象，但它的身体内部会发生致命的出血。

许多天敌

每年有许多穴兔出生，但也有许多穴兔死亡。大多数穴兔都活不过1岁。吃穴兔的动物有普通鵟、欧洲鼬、白鼬、苍鹰，当然还有狐狸和人类，等等。还有一些兔子因为饥饿或者患上了致命的疾病而死亡，因此如果计算当年的"出生数减去死亡数"，存活率可能是零。

寻找踪迹

比起穴兔本身，它的踪迹更常见一些。最明显的就是它的洞穴，当然还有它的粪便，这种干干的小圆球经常堆在一起。小树的底端也会留下穴兔啃咬的痕迹。有时你还能看到它们的脚印。

前脚

后脚

不止是洞

如果你可以把自己变小并钻进穴兔洞，你会发现那儿可不仅仅是一个简单的地下洞穴。里面有好几个走廊连在一起。有些走廊很短，尽头还会有一个房间。穴兔洞里还有不同的紧急出口。如果欧洲鼬等身形纤细的捕食者入室抢劫，穴兔就会从这些紧急出口迅速逃走。

那些和兔子有关的成语

动如脱兔

兔死狐悲

兔起鹘（hú）落

守株待兔

狡兔三窟

狼奔兔脱

野兔还是穴兔

其实只有一种动物容易和穴兔混淆，那就是欧洲野兔。不过这两种动物之间还是有很多差异的。

穴兔
- 耳朵比头部短
- 耳朵上有细细的深色边缘
- 眼睛颜色深，瞳孔不明显
- 逃跑时白色的小尾巴会跳动
- 住在洞穴里
- 刚出生的宝宝是光秃秃的小瞎子
- 喜欢沙地

欧洲野兔
- 耳朵比头部长
- 耳朵上有深色的尖端
- 棕色眼睛，瞳孔清晰可见
- 没有会跳动的白色小尾巴
- 没有洞穴，住在凹坑里
- 宝宝刚出生就有毛，眼睛是睁开的
- 喜欢圩田

多亏罗马人

两千年前，荷兰还没有穴兔，丹麦、英国、德国等西欧的其他国家也没有。但西班牙那时就有穴兔了，那里曾是穴兔的乐园。入侵西班牙的古罗马人很喜欢穴兔，不过不是因为它们可爱，而是因为它们很好吃。当古罗马人征服欧洲其他地区时，他们把穴兔也带到了这些地区。现在的荷兰虽然没有古罗马人了，但是还有可爱的穴兔。

Cuniculus[1]（兔子）

澳大利亚的兔子

如果没有天敌，穴兔的数量就会疯狂增长。这种事曾真实地发生在澳大利亚。1859年，一个名叫托马斯·奥斯汀的英格兰农场主为了打猎，在此放生了24只穴兔。10年后，人们在澳大利亚猎杀了200万只穴兔，至今仍有人在猎杀穴兔。尽管如此，在澳大利亚的土地上依旧活跃着数百万只穴兔。

柔软的毛皮

穴兔的毛纤细而柔软，末端是黑色的。在较长的毛发间还有许多短短的绒毛。穴兔的标准毛色是灰棕色，但在弗里西亚群岛经常能看到不同毛色的穴兔，那里的一些穴兔多是浅棕色或棕黑色的。

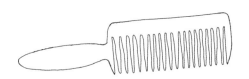

亲眼看看穴兔

人们在大自然中经常能看到鸟类，却很少能见到野生哺乳动物。穴兔算是其中比较常见的了，它们分布在荷兰大部分地区，白天也会出洞活动。在沙丘附近，你常常能看见穴兔。你可以靠近它们，但是要想仔细观察它们，还是要用双筒望远镜。

穴兔经常梳理它们的皮毛。不过当然不是用梳子，而是用它们的牙齿和爪子。

---

[1] 这个词是拉丁语（古罗马官方语言）里的兔子。

合上书，出发吧！

看完这本书，相信你已经学到了许多关于动物的知识。现在是时候好好观察一下身边的动物了。你最好先从周边开始探险。你可以自己决定要寻找哪种动物，但是记得考虑时间、季节、地点等因素。这本书已经介绍了一些如何寻找动物的方法，比如现在你肯定知道在荷兰的冬天是很难找到极北蝰的。

最容易找到的鸟

并非所有的动物都一样好找。一般来说，鸟类比哺乳动物更好找。不必局限于书中讲到的鸟，你要做的就是环顾四周，尽情享受大自然的神奇之处。别忘了，那些不太稀有的鸟类也值得一看，比如乌鸦和寒鸦。你可以先试着辨别这两种黑色的鸟，然后再观察它们的各种行为。

水下奇观

很多人喜欢观鸟胜于观鱼，毕竟戴着氧气瓶潜入东斯海尔德是件很麻烦的事。所以不必急着去那里，其实在你家附近就可以试试浮潜。找一条清澈干净的小河，记得戴上游泳眼镜和呼吸管，但不用戴脚蹼。只要躺在那条长满水草的小河里，静静观察周围就可以了。最好穿上潜水服，否则很容易感冒。当然，必须有家长陪同哦。

城市里的自然观光

你也可以去附近的公园转转，看看能遇见什么动物。如果想观察鸟类和蝴蝶，记得带上双筒望远镜。望远镜的倍数越大，能看到的细节越多。别忘了观察蚂蚁、甲虫和蜘蛛。

当然，你还可以随时欣赏关于荷兰、比利时和世界其他地区的自然纪录片。也许有一天，你就会在现实中邂逅那些异域的野生动物和自然风光。当你看到这些地方的眼镜蛇、企鹅或金梭鱼时，记得想想书中学过的极北蝰、凤头䴙䴘和白斑狗鱼哦。

索引